捉拿动物逃犯

白忠懋　编著

知识出版社

图书在版编目（ＣＩＰ）数据

捉拿动物逃犯/白忠懋编著． -- 北京：知识出版社，2016.5
（科学手拉手）
ISBN 978-7-5015-9110-7

Ⅰ．①捉… Ⅱ．①白… Ⅲ．①动物—青少年读物
Ⅳ．① Q95-49

中国版本图书馆 CIP 数据核字（2016）第 106132 号

捉拿动物逃犯

出 版 人	姜钦云	
责任编辑	刘　盈	
装帧设计	国广中图	
出版发行	知识出版社	
地　　址	北京市西城区阜成门北大街 17 号	
邮　　编	100037	
电　　话	010-88390659	
印　　刷	北京一鑫印务有限责任公司	
开　　本	889mm×1194mm　1/16	
印　　张	8	
字　　数	100 千字	
版　　次	2016 年 5 月第 1 版	
印　　次	2020 年 2 月第 2 次印刷	
书　　号	ISBN 978-7-5015-9110-7	

定　　价　29.80 元

卷 首 语

　　动物和我们人类共处一个地球，它无处不在——有的没有脊椎，如蜗牛与昆虫；有的有脊椎，如鱼类、两栖类、爬行类与哺乳类。它的数量多得惊人——如果把亚种也计算在内，可能已超过200万种，是生物界最大类群。有些动物生活在陆地，有些动物生活在海洋，有些动物生活在空中。动物也是地球的一员，它有生存的权利，使地球保持着生态平衡。

　　动物的生活多姿多彩，又奇趣横生，吸引着我们去关注。新的物种每年都有发现，尤其在人迹罕至的地方，如浩瀚的沙漠、原始的森林，以及深不可测的海洋。作为科普工作者，有责任深入浅出地介绍它们。

　　动物为了适应陆地、海洋或空中的不同环境，不断完善自己的外形与内在结构，其中有不少进化奇迹让人叹为观止；为了维持自己的生命，动物要利用自己的优势去捕食，与天敌搏斗，这种拼搏精神也值得青少年朋友学习。

目　录

构造之奇妙篇

捕食之功夫篇

求生之绝技篇

构造之奇妙篇

　　天生我材必有用：犀鸟的骨冠有的像斧子，有的像帽子，中空而坚硬——既是防身武器，又便于在稠密的树枝间摘取果实，更有利于啄死小动物；猫头鹰颈椎很灵活——能向两侧大幅度地扭转，以扩大视野，便于发现猎物；章鱼的腕足（也叫腕手）共有八条，所以也叫"八爪鱼"——腕足上密布吸盘，能吸在礁石上，像蝙蝠般挂着休息，也能缠住猎物，还能辨味；蝠鲼也叫"角鲼"，它有发达的如翅膀般的胸鳍，宽度达6米，一旦跃出水面，滑翔于海面，像飞将军从天而降，因而被渔民称为"海上恶魔"；世间竟有脚上长蹼的狗——葡萄牙水狗，它是牧羊犬的后代，它能下潜几米深，帮渔民把鱼赶进网里，也会把逃走的鱼捉回来。

猫头鹰的眼睛与脖子

猫头鹰有不少奇特之处，这里只谈眼睛与脖子。

大多数鸟类的眼睛比脑还大，因为眼睛对它们来说至关重要——要依赖敏锐的视力去捕食。猫头鹰的眼睛虽然比脑要大，但它的躯体不大，眼睛的大小却与人眼相似。画家总喜欢把它的眼睛画得大大的。早在公元前 5 世纪，雅典钱币上铸着的猫头鹰，就有两只几乎占满整个头部的大眼睛。

鸟眼一半都长在头部两侧（丘鹬的眼睛竟长到头的两侧靠后，在它专心觅食时也能看到从后面过来的敌害）。可是猫头鹰的眼睛却和人一样，长在头的前面。因此，它具有人眼那样的双视——两眼视域的重叠，这样可以产生深度的感觉，便于判断距离，抓住活跃的小动物。

别的鸟儿的眼球比较扁平。而它的眼球却成管状，因此它能在黑暗中视物。

由于猫头鹰的视野主要在前方，所以有人提出一种有趣的捕捉方法：一只手指在它面前吸引它，另一只手从背后抓住它。

猫头鹰看近处的东西是有困难的——难以对准瞳孔的焦点。有时它为了看清近处的东西，不得不往后退。

国外有一种说法：猫头鹰的脖子能够旋转。幼稚的孩子信以为真，

猫头鹰有一双大眼睛

就去试试：看到一棵树上停着一只猫头鹰，就绕着这棵树不断兜圈子，他们希望会出现这样的"奇迹"——猫头鹰跟着转动脖子，转呀转，终于把脖子扭断。结果，猫头鹰的头"确实"是跟着转的，只是脖子不会扭断，这使孩子们大感不解，以为猫头鹰有什么奇能。事实的真相是，当它的脖子转到圆周一半时，眨眼之间又迅速转回到另一边，继续盯着孩子转动。孩子们没想到它有这一手，于是上当了。

猫头鹰的颈椎活动性特别强，这就使它的头能向两侧扭转，可以补偿两眼长在前方而带来的视野不足。

猫头鹰的脖子能快速旋转
图片作者：Athene_noctua

神奇的腕手

人经过艰苦锻炼能以脚代手，如用脚趾夹住牙刷刷牙，夹住筷子吃饭。在动物界，有那么一种软体动物，你很难分清它那八只软肢究竟是脚还是手：说是手，它能用它们在海底行走；说是脚，它能用它们捕食，难怪亚里士多德在《动物志》中说："可当手用也可当脚用。"这种手脚兼用的器官被称为腕手，叫腕足也一样，它，就是又名"八爪鱼"的章鱼，跟乌贼是近亲。

章鱼挥舞着八只腕手前行
图片作者：albert kok

人脚长于躯体下，章鱼的"脚"却长在一个难以想象的部位——头上，围在口的四周，所以它在软体动物中属头足类。我们要拿大顶，得练习一番，它却生来就会。它的腕足神经通向咽肌后的脑部，那些腕足柔软而灵活，当它们舞动时恰如八条水蛇。

章鱼是海洋动物，却能像哺乳动物海獭一样登陆——只要在套膜腔内储存海水，堵住出口，水中之气可以供它在陆上活动4个小时。在海里，它行动迅速，登陆后却显得十分笨拙——依赖8"足"爬行。有人认为它每分钟能爬7米，即1小时420米。美国动物学家埃博特写到一只章鱼从百慕大水族馆逃跑，它先爬到水池的顶盖上，然后爬到地板上，出了凉台，向大海爬去。奇妙的是，它绝不会走冤枉路，就像小海龟出壳后对大海的方向是一清二楚一样。它爬行时走的是直线，途中即使有火堆，它也不愿偏离方向去绕道！

章鱼若要休息，便用吸盘吸在礁石上，把躯体挂着，这有点像蝙蝠——它用足将自己倒挂起来。为了弄明白食物是否适口，它要先试验，给它一粒带肉汁的石子，它摸后得知此物不可食，但肉汁好吃，于是取来"品尝"一番，旋即弃石而去。

腕足又是嗅觉器官，章鱼不用双目，便能嗅知附近有一条死鱼。

有人每日用蜗牛喂章鱼，每餐六只。章鱼总是逐一挖肉而食，吃光了还会伸出腕足"讨要"。此时若给它一个空壳蜗牛，它会将腕足伸进去探查是否有肉。这说明它很有头脑，无怪乎它享有"海洋中的灵长类"的美称。

壁虎有"断尾术"，章鱼则有"断腕术"，这叫残体自卫，是生存斗争中

很管用的逃生术。章鱼猎食时总以腕足做试探，这一部位最易受损。章鱼只要通过强烈的收缩便可自行断腕。通常断处在腕足的五分之四处。神奇的是，断下后的伤口血管极力收缩，可以滴血不见。第二天伤口即可愈合，一个多月后新腕足可长到原长的三分之一。

在海中，章鱼能快速游动
图片作者：albert kok

美国的乔安娜·达西长期在西雅图的海湾里观察章

鱼,被人称作"章鱼女郎"。她认为章鱼胆小,如果它用腕足缠人,只要从下面把腕足弯回去,使之成为水平状态,它立即会瘫软下来。章鱼能与鳕鱼或海鳗搏斗,但在她面前却十分温顺,允许她抓着,展开所有腕足!达西能辨认章鱼,不仅依据章鱼的大小、居住的洞穴和身上特殊的标记,还有就是腕足的长短。

利爪利攀援

　　民间传说猫是老虎的老师。猫和老虎同为猫科动物,两者都有利爪,按理说都会爬树,但老虎只能望树兴叹。家猫是由野猫驯化而来,而野猫是爬树能手。

　　我曾养过两只小猫,皆为雄性,院子是它们嬉戏的场所。由于围墙不高,它们把水斗作为跳板,一纵身就上了墙,到了外边的大天地,它们首先看中那棵松树,"刷刷刷"就到了树冠。就这么上上下下,爬得好不痛快。我对家人说:"瞧,这哪儿是猫,简直是顽皮的猴子!"

　　树皮表面粗糙,猫要爬上去不在话下,墙面就不同了,它光滑得多,但这也不能使猫却步——晚上我让猫睡在院子里,可它们偏要进房来睡。门已关好,进不来,它们就借助窗下的一只石桌,猛地一跳,竟能把光滑的墙面作为跳板,上了窗台;在那儿不停地叫唤,迫使你开窗!

　　从较高的墙头上跳下来,对小猫来说是个难题。它毕竟胆子不大,虽说猫有九条命——它从高处跳下,尾巴权充平衡的工具,总是四脚先落地,很少有跌死的。但是摔痛了还是有可能的。回过头来说我的小猫,看它如何从墙上跳下:它着急地叫着,好像在说:"这叫我如何是好?"下不来也得下,

猫的利爪善于捕捉老鼠
图片作者: Niels Hartvig

这迫使它把前肢的爪子伸到身下的墙面上，尽量地住下伸，伸到猫身几乎与墙面垂直的地步，仅靠爪子钩住墙面，这才鼓起勇气跳了下来，它的爪子此时发挥了独特的钩的能力——水泥墙面上细微的凹凸就是它的爪子的用武之地。

猫常常抓地毯、藤椅和其他较粗糙的东西，就是为了磨去爪子上的老壳，好让新的长出来。它的爪子那么尖利，那是为了捕鼠的需要，也是为了爬高。

鹈鹕轶事

鹈鹕就是塘鹅，体型颇大。它外观奇特，主要体现在下颌底部有一大皮囊，称为"喉囊"，能伸缩，可兜住鱼类。它性喜群居，栖于沿海湖沼河川地带。

我们能在动物园里见到它，却没想到有人会把它当成宠物养在家中：苏联的格·乌斯翺斯基在里海一小岛的禁猎区工作，主要研究沿海鸟类。一天，他的一位猎人朋友送给他一只翅膀受伤的鹈鹕，他替它包扎，它十分镇静，配合得很好，只在很痛时才把头搁在背上，翻翻眼睛。他把它养在小花园内，起名"小巴布拉"。他喂它一条大的活鲫鱼，它一仰头，脖子左转右转后把鱼吐在地上。原来他把鱼尾冲着它的喉咙了。应该倒个个儿，才不致扎着喉

鹈鹕正在哺育幼鸟
图片作者：J.M.Garg

咙。这条大鱼顺着食道滑进胃里，它张开大嘴叫了一声，又扇动翅膀，表示还想吃。他又喂了两条大鲱鱼。

他知道"小巴布拉"还小，还不会自己捕鱼吃。一个半月后它已能从花园里飞出去了。为了防止它飞走，得剪掉它一只翅膀上的几根主羽。

半年后它长大了，剪

短的羽毛脱落后又长出新羽来。这样，它可以飞翔了，但每次都会飞回来。

鹈鹕展翅飞翔
图片作者：Rui Ornelas from Lisboa, Portugal

"小巴布拉"与小猫"瓦西卡"相处得十分友好。有时，小猫会爬到它的背上；有时会迅速在它的两腿间窜过，真够顽皮的。鹈鹕的耐心很好，只有在小猫闹得太疯时，如抢走它嘴边的鱼，才会发出可怕的"吓尔啊"声。最有趣的是，有一次小猫竟然爬进了它的皮囊中，它并不反对，因为那儿有寄生虫刺激着黏膜，正可借此为自己搔痒。有一天，小猫又钻了进去，它伸翅扑腾几下，竟飞向空中！它兜了几个圈子后才降落在海面上，张开大嘴，"吐"出了小猫。小猫拼命划水，游到它身旁，爬上它的背部，就这样跟着它一起上了岸——原来小猫在它嘴里抓伤了它的口腔，它才让小猫吃点苦头！

不同寻常的狗

奇娃娃个头很小　图片作者：Gabriela Vega

有报道说，一只叫苏茜的狗已经6岁了，高仅6厘米，重不到11千克。其实，还有更小的，如墨西哥的"奇娃娃"狗，成年时还不到0.453千克。但能称得上是真正的最小的狗应当属英国赫本地区的亚瑟·迈伯尔斯所豢养的一只约克夏卷毛狗，它身高才6.35厘米，从头到尾长仅0.5厘米，仅重113.4克。此狗死于1945年，死时只有 2 岁。

最重的狗令人咋舌——英国伦敦北部那只叫佐巴的狗，它在去年已有 7 岁，身长 2.6 米，体重达 150 千克，每天要吃 5 千克牛肉，外加饼干、鳕鱼油等。它每周的食物消费超过 250 英镑。虽然支出不少，但它也为主人"赚"回来不少钱，许多国家的电视台和广告公司在 1988 年就为之支付了 175 万英镑。

通常狗的寿命不过十余岁，能活过 20 岁以上的堪称寿星了。澳大利亚牧狗场有只叫"布鲁依"的狗，活到了 29 岁又 5 个月。它由罗彻斯的莱斯·霍尔饲养，"布鲁依"为主人看管牛羊，工作十分勤恳。堪称"狗仙"的狗也出现在澳大利亚，不过是在布里斯班。它享年 32 岁，这个年龄相当于人活了 224 岁。

最珍稀的狗非葡萄牙水狗莫属。它是一种牧羊犬的后代，截止 1960 年全世界只有 50 只。这种卷毛狗的外形像大型贵妇狗，奇怪的是它的趾间有蹼，极善游泳——游上 8 千米并不费劲；又善潜泳，可下潜至 3.6 米深。它会帮渔夫把鱼赶入网内，甚至能把逃脱的鱼捉回来。西班牙舰队在没有无线电报时，就用它在舰只间传递信件及情报。现在美国的一些爱狗者繁殖了这种奇狗，到 1982 年已有 650 只。

捉到一只鸭子的水狗

图片作者：American Water Spaniel Club

狗是缉毒能手，美国佛罗里达州迈阿密有位警察驯养了一只叫"特普"的狗，1973—1977 年共查出价值 6 300 万美元的毒品。此狗嗅觉极灵敏，可查出 16 种不同的毒品。

老牛识途

法国的于·列那尔在《母牛》中有这么一句话："她们对这样大的牛如此温柔感到惊奇。"这样的感受是有道理的：因为牛是被人驯化了的。牛的驯化距今大约 6 000—5 000 年，埃及人最早，我国大约在龙山文化中期。我国的黄牛源于原牛——曾在东北，在 100 万年前的地层中发现了它的化石。家水牛分布很广，亚洲南部都有。我国浙江河姆渡文化遗址中发现过水牛头骨，证明那时江南一带已饲养水牛。

常说"老马识途"，也有识途的牛：在美国佛罗里达州，有位叫西德尼的农民，养了一头叫"朱丽安"的牛，主人把它牵到市场上卖了。该市场离西德尼家有 56 千米，没想到那牛竟会逃跑，绕过栅栏与河流，跑了 20 小时，回到牛棚。主人发现后大为感动，忙找到买主，还给他的钱，宣布今后不再卖牛了。在我国山西省，20 世纪 50 年代一位农民从内蒙古草原买走了一批牛。过了两年，竟有几头牛结伴跑回草原。牧民发现它们很瘦，又带伤，不明白它们是怎么结的伴，怎么跑回来的。

内蒙古有句谚语："羊群难收，牛群易牧"，说明牛群很自觉，不论多少头牛，都会自行外出吃草，自行回到牛栏，一年中仅刮大风时才有人跟着，怕它们会顺风势走散。几家的牛群可在同一草场上吃草，它们不会互相混杂，因为若别家的牛进入另一群牛，会受到猛烈攻击。

牛很自觉，会自行外出吃草，自行回栏

图片作者：Famartin

交嘴雀和黄雀的技艺

交嘴雀并非蜡嘴雀，前者顾名思义，喙是上下反曲交叉的，形状十分奇特，很少见。它的个体较麻雀稍大，成鸟羽色紫红或黄绿，紫红者是雄性，黄绿者是雌性。它们多在云松上营巢，吃松果，所以遇到松果丰收年月，交嘴雀的繁殖速度很快。它们在冬季繁殖，这对雏鸟成活有利——少有敌害偷袭。冬天常能在我国东北南部及河北、山东等省见到。

交嘴雀的上下喙会交叉

图片作者：http://www.naturespicsonline.com/

交嘴雀的喙，上边向左下方弯曲，下边向右上方弯曲，上下喙的前端互不接触，似钳子。由于它的舌头肌肉发达，所以有利于把球果中的种仁啄出。要它像蜡嘴雀那样衔弹，很难，但要它衔核桃，却很容易，因其表面不平，它只要一合喙，那勾曲的喙就能嵌入核桃的凹处。

上海的驯鸟行家周伯诚驯化过金雀、蜡嘴雀、八哥和大雁，也驯化过交嘴雀衔核桃。

训练方法是，用烧红的铁钉在核桃壳上扎许多小孔，将它丢出去，让交嘴雀跟踪过去，迅速衔起，送回到主人手中。

交嘴雀为笼鸟，养它是为了观赏它美丽的羽色和奇特的喙。它的鸣声不动听。

另一种善表演技艺的雀鸟叫黄雀，又名"芦花黄雀"，个体较麻雀稍小，雄性上体浅黄绿色，腹和腰带呈白色而有褐条纹。它可作为笼鸟，

黄雀　图片作者：Slawek Staszczuk

鸣声并不十分悦耳，只在冬季繁殖期鸣声才较悠扬，叫声为"唧衣——唧衣——"唐代诗人王维写过一首《黄雀痴》，说的是一只痴情的母黄雀，辛劳地喂养雏鸟，养大了它，雏鸟却不辞而别，只剩母鸟孤单一身，十分凄凉。诗人慰劝母鸟，儿女长大了终究要离开的，不必为此愁思憔悴。

黄雀性情活泼，性格温顺，经训练会表演戴面具、放飞衔弹等技艺。

山东平度有位居民，他饲养的一只黄雀在表演戴面具时可连续调换三只面具。当它戴上面具在地上跳跃时，真是有趣极了。

蝙蝠似的海上恶魔

一艘小船在美洲海岸缓缓地航行。突然，从水中飞出一个怪物，黑压压的一片，个子比圆桌面还大。你还来不及看清它的真面目，它就已经钻入海中了。过了一会儿，那怪物又凌空而起，这才显露出了它的本相——那是蝙蝠一样的鱼类，头上有一对"角"，身后拖着一条长尾巴。

那一带的渔民把这种怪物叫做"角鳐"。因为它模样古怪，而且有时会撞翻船只，又有渔民给它起了个外号——"海中的恶魔"或"鱼中魔王"。

其实，它的正式名称应该是前口蝠鲼。它的奇特之处在于，头部有翼状的突起——很发达的头鳍，看上去像一对兔耳朵。我们知道，鱼鳍极少有长在头部的，只有鲫鱼的脊鳍长在头顶，但已转化成吸盘，失去了鳍的形状。再看它的两翼，有如蝙蝠的翅膀，原来那是特别发达的胸鳍，这使它跃出水面时可以滑翔。它的本领虽不及飞鱼，但也可以飞过小帆船的桅顶。对于这种肥胖呆笨的鱼（它的宽度可达6米、重量可达500千克）

蝠鲼游在水中就像飞行在空中的蝙蝠

图片作者：jon hanson from london, UK

来说，这已经很不简单了。

　　雌前口蝠鲼常率领自己的子女出来"散步"，对这种鱼类的习性不够了解的渔民，会错认为正是捞捕小鱼的好时机，于是兴冲冲抛下网去。这可惹出祸来了！只见那只"雌老虎"在水中腾空一跃。"哗啦"一响，它就已经升到空中。接着，它像飞将军似的从天而降，以"泰山压顶"之势俯冲而下，结果，不是人被它撞下海去，便是小船来个"元宝翻身"。曾有渔民在这种情况下被它的尾巴一拖，身上顿时出现了一条血痕——原来它的尾巴上暗藏一种"武器"，是一种长长的刺，尖利如刀，被刺中时会使人感到剧痛。

　　"海中恶魔"喜欢夜出，俨然是个夜间行劫的强盗。它具备"飞檐走壁"的轻功夫，所以常常在海面上像蝙蝠似的飞掠而过。有人推断，它之所以如此活跃，可能是由于其身上有寄生虫，被折磨得受不了，才出此下策；也可能是因为它"情绪"良好，"精力"充沛。当它被其他凶猛的敌人追击或受惊时，也会"飞为上策"。此外，它的子女被欺，与人搏斗，也是它活跃的一个原因。

　　它的猎物多半是集群性的小鱼，有时也光顾单个的大一点的鱼。它的捕食方法十分有趣：头上的翅就像我们手中拿着的筷子，它就运用这双厚而扁的"筷子"夹住鱼往嘴里送！

　　前口蝠鲼是胎生的，而且每次只产一胎。难怪它是我们不大容易见到的鱼类。小鱼生下来时就有 20 千克重，约 1 米长。据说，它的经济价值不是很大。

前口蝠鲼靠在珊瑚上，让鱼儿帮它清除寄生虫

图片作者：Jaine FRA, Couturier LIE, Weeks SJ, Townsend KA, Bennett MB, et al. (2012)

作弄大象，危险

在动物园里，参观者必须讲文明，千万别去戏弄动物。熊、狮、虎、豹这一类猛兽，虽被关在铁栅笼内，但铁栅是有空隙的，若把手伸进去戏弄它们，这是很危险的。即使貌似憨厚驯良的大象，也千万别去挑逗嬉戏，否则非常危险。非洲的博茨瓦纳有个乔贝国家公园，那里的动物是自由放养的。一名兽医和他的助手骑摩托车在公园的林间小路追逐一头幼象。然后刹住车，下来走路。这时一旁的母象担心幼象会遭遇不测，跑过来把兽医挑死，兽医的助手吓得赶紧跑去报警。

有一个印度缝衣匠正在做衣服，一头象路过时出于好奇，把鼻子伸进了敞开着的窗户，缝衣匠调皮地用针扎了象的鼻子。几个月后，这头象再次来到这条街，在喷泉边停留片刻，吸满了一鼻子水，到缝衣匠窗前，从头到脚把这个爱捉弄动物的人浇了个透心凉。由此可见，象的记忆力极好，也可看到，象有报复的习性。这个缝衣匠还是很幸运的。另一个捉弄象的人就没这么好的运气了：在莫斯科，有一头象从火车上下来，要被送到动物园去，围观的人很多，其中一人在象经过时，偷偷地取出尖锐之物戳了象的鼻子，随即隐入人群中，可是象很敏锐地认出了他，它毫不留情地伸出鼻子把他抓住，随即扔了出去！

在通常情况下，多数象都能被驯服，但它若受到欺侮，便会做出强烈的还击。在我国的一家动物园，饲养员在打扫笼舍时，象前脚踩着粪便。他几次吆喝，象并不移动，便用铁铲去铲象脚。象突然向他撞去，竟将他压死了！在广州动物园，也曾发生过这样的险情，一位饲

看似温和的大象，也有发火的时候
图片作者：Yathin S Krishnappa

- 13 -

在印度，大象帮助人们搬运重物

图片作者：Rhaessner

养员因阻挠了雄象"八宝"的自由活动，也遭到它的猛撞，幸亏他迅速下蹲，象头撞到墙上，发出巨大的声响，目击者无不为之震惊。

在印度，有个外国人在码头上买了一头搬运木板的象，他并不喜欢这头象，他买象的目的是租给别人使用，可以赚不少钱。他在空闲时常逗着象玩，一会儿叫它用鼻子浇花，一会儿叫它用鼻子拾小东西，或者叫它去摘花，带回家插在花瓶里。有一天，他去捉弄象——他用点燃了的雪茄去烫象的鼻端的那个"小指"，这块肉十分敏感，象怎么受得了？它生气了，用鼻子一甩，打掉了他手中的雪茄，接着用"小指"拾起烟头，去烫他。他一边躲开，一边从口袋里摸出另一枝雪茄，想点着了再去烫象。象看到后气极了，提起鼻子卷住他，狠狠地摔了出去。那家伙跌入草丛，并没受伤，爬起来想逃。可是象已跑过来了，又把他卷住，摔出去，恰好扔在一个硬桩上，他再也爬不起来了。象还不罢休，走上去又踏了一脚！象是认路的，它回到了原来的主人身边，发出痛苦的叫声，用鼻子触碰主人。主人握住鼻子一看，有几处红肿，有几处已经溃烂了。主人赶快请兽医替它治伤，让它休养了几个月。

鱼棘

据报道，台湾省高雄市一张姓男子在菜场选好一条吴郭鱼时，突然水桶中跳出了另一条吴郭鱼，刺中了他的脚。当时他并不在意，回家后感到头昏乏力，继而便昏迷不醒，幸经医院抢救，才得以脱险。据说，这类海洋鱼类带有弧菌，如从伤口蔓延到体内而未得到及时医治，会引发休克败血症，危

鳜鱼的背鳍生有刺　图片作者：Andshel

及生命。不过它的伤害程度也与人的体质有关，有些鱼贩终年与鱼打交道，常被各种鱼刺伤，都没事。

　　鱼类为了防卫，它们的鳍有变成棘状的，也有带刺的。我养过胡子鲶，在捞它时差一点被它尖锐的胸鳍刺中。

　　在太湖里，鳜鱼爱栖于芦苇丛，听渔民讲，用手捉它时，可把手沿芦苇秆往下摸，但要注意它的背鳍，因为它自卫时会竖起倒伏着的背鳍，如被刺中，则十分疼痛。

　　我小时候爱下河捉鱼，但对于桥下的黄颡鱼总是怀有戒心，它前部平扁，长十余厘米，青黄色，口宽，有须四对，它的背鳍、胸鳍各具一硬棘。

　　太平洋的虎鲨和角鲨有两个背鳍，前面各有一粗而尖的强棘，这是一种有力的防御武器。角鲨的棘能分泌出剧烈的毒汁，使被刺者轻则受伤，重则丧命。

　　海里的魟属海底生活的鳐类，有圆形、斜方形或菱形，尾细长，常呈鞭状，一般具尾刺，有毒。

　　澳大利亚大堡礁既有凶猛的双髻鲨、会缠人的大章鱼，又有可怕的毒鲉。毒鲉又名鬼鲉，身上布满疣粒和刺毛，常把自己埋在海底泥沙中，人们不易发现。它的背棘十分锐利，每根棘都有毒囊，谁误踩了就会被刺，而且中毒后死亡率极高。

砗磲——"贝类之王"

广东省惠东县港口流动渔民曾捕获一只"蚶王"，重达 114 千克，壳身宽 64 厘米，表面有四条瓦垄状隆起，壳内光滑洁亮，呈白色。"蚶王"的学名是砗磲。

砗磲别名是海扇，也叫车渠，即"车子辗轧路面所形成的凹陷"，以此形容那些瓦垄状隆起。沈括在《梦溪笔谈》中说："车渠大者如箕，背渠垄如蚶壳，以作器，致如白玉"。正由于其白如玉，我国古代曾误认为它是玉石，还说它是"西域七宝之一"。其实，砗磲并不珍贵，据《增广本草纲目》卷四十六载，车渠乃海中大蛤，外壳上有似垄之纹，如车轮之渠，其壳内白皙如玉，故常被误作玉石类。

砗磲和毛蚶同属瓣鳃纲，毛蚶与它相比，简直是小巫见大巫。砗磲是贝类之冠，寿命长达数百年，多产自我国广东沿海，它的外套膜呈黄、绿、紫等色，极为美丽。壳大者可作小儿浴盆及饲猪食盆。在我国，最大者壳长 1.25 米，重 200 多千克。生活在印度等国海中的巨大砗磲壳竟长达 3 米！它的闭壳肌闭合力极强，据说一艘船在抛锚时，金属锚缆投入它的壳内，竟被它夹断！潜水员若不慎误踩砗磲，脚被夹住后很难脱身。一位菲律宾采贝者下水后久不露面，原来被砗磲夹住了一只脚，后被同伴们发觉，连人带砗磲一起拖到岸上，用铁棍撬开，人得救了，还意外地获得了一颗大珍珠，真是因祸得福！

作家秦牧曾写到过它，说最大的双壳类软体动物砗磲的重量超过最小的齿鲸。他还说到，在欧美的有些教堂，为了增加神秘感，会将砗磲壳置于入门处盛"圣水"，

砗磲很大，壳上有瓦垄状隆起
图片作者：Nhobgood Nick Hobgood

以备教徒应用。

砗磲壳可入药，有镇静安神和解毒的作用，自唐代起用来治心神不安等病。《海药本草》载："主安神，解诸毒药及虫蛰，以玳瑁一片，车渠等同，以人乳磨服。"

壁虎的魅力

壁虎的外观实在令人不敢恭维，灰褐色的表皮，身上还长着疣子。可就是这副样子，还是有人喜欢它。我曾去苏州附近的甪直旅游，在一家老式旅馆里见到一位看门人，他那小屋的墙上竟有9只壁虎——它们躲在一面挂在墙上的镜框后，看门人从不去驱赶它。鲁迅先生1931年2月住在北平半截胡同绍兴会馆时，那儿的窗纸上有一只胖而且大的壁虎，鲁迅先生每天都要给它稀饭吃。

美国佛罗里达大学生物系教授阿尔奇·卡尔很赏识壁虎，他在《爬行动物》一书中写道："壁虎是种习见的知名动物，它有许多值得喜欢的特点。它们深信不疑地住在人的家里，它们有松软的皮肤，直立的瞳孔，没有眼睑。……几乎每一个真正懂得壁虎的人都会爱它，即使那些误信壁虎有毒的人似乎内心也愿意看到它们在自己的身旁出没。"

诗人宫玺曾写过《我与壁虎》，文中他表露了对壁虎的憎和怕，"世上任何东西，总是有人爱有人不爱"。但他对与壁虎同族的蜥蜴却不怕不憎，理由是"蜥蜴形体舒展，颜色素净，行动敏捷，……蜥蜴比壁虎要多些美感。"其实蜥蜴是个总称，被称为"蛇舅母"的草蜥也是蜥蜴的一种，它背面褐色，腹面灰白

壁虎脚部的结构帮助它们攀爬

图片作者：Bjφrn Christian Tφrrissen

石龙子是一种美丽的蜥蜴
图片作者：Desktopwallpapers

色。当然，它比壁虎光溜些，色泽也好看一些，但基本上差别不是很大。

我喜欢石龙子，这是一种很漂亮的蜥蜴，在杭州的山中见过。我不讨厌壁虎，就像我不讨厌蝇虎一样，它们都会捕捉害虫（前者捕蚊，后者捕蝇）。我欢迎它们到我家做客。有一年，我在阳台上种了不少药草，不但招引了蝴蝶和蜜蜂，也招来了壁虎，它就躲在水落管子的背面。我欣喜不已，不去惊动它，是为了让它定居下来，以便经常观察，让它成为不需豢养的家庭宠物。可是很遗憾，以后我再也没看到它。我写过一篇科学寓言，题为《美与丑》，写的是金头苍蝇和壁虎，对比它们谁是美的。金头苍蝇的外表挺美，但它不干好事；壁虎外表丑陋，可尽干好事。正当它们为谁才美而争得不可开交时，一个孩子过来了，他扑杀的是苍蝇，而不是壁虎。壁虎又名"墙龙"，我认为这个名字很好。我也很欣赏它入药时的中药名——"天龙"。这些名字都很有气派呢！

鸵鸟斗小偷

在日内瓦，两个流浪汉——理查德和雷登饥肠辘辘，便潜入动物园，见到一只大鸟，以为是大火鸡，就把它捆了起来。鸵鸟并不反抗，任由他们摆布。待他们在一间房内为鸵鸟松了绑，它便凶神恶煞般发起攻击，结果理查德手臂骨折，两眼被啄得血肉模糊；雷登则肋骨骨折，腰背严重扭伤。幸亏警察及时赶到，才把他们救了出来。

雄性鸵鸟重达 150 千克，高达 2.70 米，其踢力惊人，喙又坚硬，难怪有人用它来对付窃贼。在德国，仓库管理员史坚特年老力衰，便养了只叫叶宾奇的鸵鸟，让它看守仓库。一天凌晨，两个小偷潜入后被他发现，立即打开笼子，放叶宾奇出来，叶宾奇急速奔去，撞向小偷，把他们撞成了重伤。

鸵鸟体格强壮，人类见了它们也要怕三分
图片作者：Yathin S Krishnappa

鸵鸟也被用来牧羊，南非有个农场养了一头叫彼得的鸵鸟，它放牧的羊达到 100 头，三年中无一丢失彼得十分尽责，从早至晚都与羊群生活在一起。偷羊贼可不敢惹恼彼得，因为彼得的腿功了得，如被踢上一脚，至少得断掉几根肋骨！

美国有不少人以养鸵鸟为乐趣，甚至试图用它来训练长跑运动员，于是，那些善跑的健康鸵鸟售价高达 10 000 美元。一家专售小鸵鸟的牧场在广告中写道："鸵鸟善良可爱，只要给水和最简单的食物便生活得很快乐——大家都来养鸵鸟吧！"在美国，还有骑鸵鸟比赛，由于鸵鸟背呈圆形，羽毛又滑，要驾驭自如很困难。它跑起来步幅大，"骑师"一不留神，便会跌得鼻青脸肿。

会飞的鹅

鹅有翅膀却不能飞，与鸡相同，说明翅膀已退化。令人叹为观止的是，新疆伊犁、塔城等地的农家养了一种似雁似鹅的雁鹅，它们既能飞，又恋家，处于"半驯养"状态，使人想起了印度的獴，它帮主人在家除毒蛇，说不定何时会不告而别。但雁鹅却喜欢认定主人。雁鹅羽色有白、灰之分，喙与肺是红色的。

鹅 图片作者：Georges Jansoone

由春至秋，不用主人饲养，它们会飞到野外觅食。

个别家鹅也会出现"返祖现象"，上海金山县一村民饲养的一头重5千克多的鹅，于1981年冬突然由河中飞起，飞到另一村的桑田里，高度为20米，飞了千余米。1985年，江苏金坛县一村民所养的两只各重3.5千克的白鹅，在受惊后飞向天空，约有4层楼高，飞出500多米才落地，然后走回来。有趣的是，自此后，它们日日早出到野外觅食，傍晚才从一里外飞回。

鹅的祖先是雁，中国鹅的祖先是鸿雁，驯化中心在我国西部。中国鹅以产蛋多、肉质细著称，按毛色分为白鹅和灰鹅。

据报道，台北市阳明山市民李明养有一头30岁高龄的鹅，羽毛依然光鲜，生气勃勃。它与7只狗和谐相处，早晨还帮狗兄弟理毛。狗"礼尚往来"地以舌为它清理羽毛，甚至咬住它的翅带它去散步。一次，一只狗生病，鹅在两周内始终形影不离地陪着狗。

鹅有守护本能，《东坡志林》云，鹅有"三积"，即警盗、却蛇与祈雨。警盗本能的形成与它野生时成群生活怕受袭击而派出"哨兵"有关。苏格兰丹巴顿市一家威士忌酒厂用鹅来守卫，效果不错，因为当陌生人接近酒厂时它会嘎嘎大叫，该厂使用的是我国广东澄海所产的狮头鹅，此鹅十分威武，雄性每头可重达12千克，比孩子还高，一旦它野性发作，连剽悍的大狗也会退避三舍！一天深夜，江苏泰县一中年妇女因与丈夫吵架愤而跳入自家鱼塘，在那儿守卫的大白鹅以为有偷鱼贼，大叫报警，引来附近居民，把她从塘中救起。

鹅
图片作者：Shizhao

海里的"兔子"

　　貌似软弱的动物不一定好欺负，如马陆（常栖于花盆底部阴湿处）没有蜈蚣那样的武器，但它身上散发的臭气，使鸟类和鸡不敢啄食。生活在海中的软体动物海兔，和陆上的蜗牛同属腹足纲，连一只护身的外壳也没有，却有本领可以退敌，因为它能施放"烟幕"。它身上有紫色腺，位于外套膜边缘的下面，在受到袭击时会放出紫色毒汁，使敌害见毒却步。此外，它还能从皮肤上分泌出略带酸性的乳状液体，不但对神经系统有麻痹作用，而且会发出令人恶心的气味。

　　国外有位孕妇在海滩散步时，脚触及一软物，抬起一看，只见其大小如手掌，却不识是什么动物。这时她只觉得一阵阵恶心，便把它放入篮中拎回家去，谁知半途腹痛起来，到家后不久就流产了！经过分析，正是海兔那种液体害了她。据美国海洋化学家约翰·福克纳的研究，海兔在吃红藻时，把藻内的卤化物毒素储存在消化腺中，作为一种自卫的武器，这引起了药物学家的兴趣，他们想从中找到一种对人体无不良影响的人工流产药物。

　　海兔的肉可食，但过量食用会引起头疼，作怪的正是那种乳状液体，难怪至今海兔未被人当作海鲜来食用。在古代，海兔被认为有毒，曾有人用它煮成汤献给一位暴君，想让他服毒而死，结果并没成功。海兔的肉有一定的毒性，海兔所产的卵却是一种味道鲜美的珍贵海味。海兔把卵产在卵囊里，每一卵囊互相以胶装物联结成细绳状卵带，最长可达 9~10 米，晒干后叫"海粉"。早在明朝的《闽

海兔能释放"烟幕"　　图片作者：Genny Anderson

中海错疏》中，就记载着"海粉"是一种食品，也可药用，具有清热解毒、消炎止血的功能。

海兔之所以被称为海里的"兔子"，是因为它的头部有两对触角，前一对有触觉，后一对有嗅觉。休息时它的后一对触角会伸出来，很像兔子耳朵，而那蜷曲的身子则很像趴着的兔子。

蛙戏

唐朝时马戏在我国已相当流行，相传唐玄宗李隆基在皇宫里训练了一批御马跳舞。到了宋朝，除驯马外，艺人们扩大了驯兽的范围，从飞禽走兽到水中的龟类鱼类都可以训练。其中经常上演的节目有狗熊舞棒、驴舞柘枝、老鸦下棋、猴扮百戏、鱼跳龙门等。从元朝起，还出现了乌龟叠塔、蛤蟆说法等节目。明朝则有蚂蚁角戏、老鼠钻圈等节目。

这里就说一说蛤蟆的表演。蛤蟆是青蛙和蟾蜍的总称。

清代诗人袁枚在笔记《新齐谐》中载有"蛤蟆教书"一节，记的是他幼时在葵巷看到一乞儿身佩储蛤蟆的布袋，在市肆借一柜即能表演。他把一只小木椅放在柜上，1只大的和8只小的共9只蛤蟆自袋中跳出。大的蛤蟆坐在小椅上，小的蛤蟆围成一圈。乞儿喊了声"教书"，大的就鸣叫"阁阁"，小的齐声应"阁阁"。直到乞儿喊声"止"，蛙戏就算演完了。

青蛙　图片作者：Brian Gratwicke

上述蛙嬉比较简单，另一种就复杂多了，也精彩多了。我们从清末出版的《点石斋画报》上可以看到，由画家吴友如所作，画的是象山宁海的一家大户大家，墙门外院内有位民间老艺人把三只篾匾放在地上，成"品"字形，用黄绿色三角旗来指挥，三种不同品种的青苍色蛙由笼内纷纷跳出，跳到了三只匾中。助手敲起渔鼓，老艺人则唱起民间俚歌，蛙叫声和鼓点声相应，十分热闹。只要鼓声停止，蛙就不叫了。它们只是瞧着老人。老人手中的旗一扬，蛙便在匾内乱蹦乱跳，有的还能翻起筋斗来，让看的人边喝彩边向场

蟾蜍　图片作者：Marek Szczepanek

内扔铜钱。等大家扔完了，老人收起钱引蛙分队各归各匾，然后排队回笼。

　　在新中国成立前，北京天桥也能看到蛙戏：有一位老人天生一副怪相，尖尖头，小小眼，黄黄胡子塌腮帮。他身着长袍会耍两样绝活：一是蚂蚁排队，二是蛤蟆教书。蛤蟆教书跟袁枚所记大体上相似，说明这是由那时继承下来的。老人先用白土撒一圆圈，将一块木板放在中间。他蹲在那儿喊："学生上学来呀！"说着从腰间掏出两个瓦罐，一大一小。他先打开大罐，一只大蛤蟆便跳了出来，跳到木板上。此时老人说："老师都来了，学生怎么还不来呀？"刚说完，从大罐内连续跳出八只小蛤蟆，它们跳到大蛤蟆前面，分两排蹲伏着。老人又喊："老师该教学生念书了！"大蛤蟆即"阁"地叫了一声，八只小蛤蟆跟着齐声叫了"阁阁"两声，还挺齐的。老师"阁阁"两声，学生"阁阁阁"答三声。就这样，"师生"一叫一答，真像教书似的。十分钟后老人说："该放学了！"那八只小蛤蟆便依次跳入瓦罐中。

　　很可惜，现在这种绝活可能已经失传了。

南美怪兽——犰狳

　　在美州有这样一种哺乳动物，虽然它把腐尸视为美食，却受到了人们的青睐，其味近似牛犊肉或乳猪肉。它还是印第安孩子的宠物，只要抓住了它，一群孩子的娱乐不成问题——它受惊后会缩成个圆球，可被当作足球踢。它就是南美

穿山甲，与犰狳长得很像

的犰狳。

　　犰狳外观与我国的穿山甲有相似之处，它属贫齿目，犰狳跟食蚁兽是一类的，它也吃蚂蚁，还敢吃毒蜘蛛和蟾蜍，甚至对小蛇也感兴趣。它跟穿山甲一样，也是打洞能手，达尔文描述过它的这一技能："在疏松的土地上，想抓住它，得赶快下马，要不，它早就钻进土里去了。"

　　大的犰狳长达90厘米，有猪那么大；小的只有13厘米。它长相滑稽，既像老鼠，又像穿山甲；有一对驴耳朵，一双黑珠子般多疑的眼睛。它走起来跷着脚，步态蹒跚，像上了发条的玩具，是南美最奇特的动物之一。

　　英国有位名叫杰·达雷尔的动物学家曾养过犰狳，那是三绊犰狳。它最爱吃由香蕉、牛奶、碎肉和生鸡蛋混合的食物。它在野外会对腐烂的动物尸体产生兴趣，哪怕是蛆虫叮满、臭气冲天，对它来说却很鲜美。它十分贪婪，一直吃到走不动路为止。这与秃鹫有相似之处——秃鹫会拼命吞食动物尸体，有时吃得过多，因而飞不起来。犰狳既好吃又好睡，睡时仰面朝天，发出很响的喘气声，即便掀住它的尾巴，它依然昏昏然，像被施过催眠术似的。

　　如果犰狳躲进土墩上的洞穴里，印第安人孩子自有妙法请它出洞：把树枝和杂草塞进洞口，点起火来，扇子一挥。烟直往里灌，只听得洞内砰砰有声，说明它撞上了洞壁，再过一会儿，它就会往外蹿，落入孩子们所设的罗网之中。

　　犰狳还有一项绝技：它过河前，为了顺利一些，它会使肛肠充气，产生浮力，这一来，它稍微动动四肢，就游过去了。

犰狳身披厚甲，头像老鼠

图片作者：http://www.birdphotos.com

犀鸟的"头盔"

　　我国有三种犀鸟，即产于西双版纳的棕颈犀鸟和双角犀鸟，以及产于云南、广西的冠斑犀鸟，均为国家二级保护动物。

　　犀鸟外观上最引人注目的地方是它那奇特的"头盔"（盔突），也就是长在头顶与喙相连的骨冠。"头盔"的形状因产地不同而各异，有的具双角，有的像和尚帽，有的像斧子。盔内中空，也有少数"头盔"为实心。盔突是武器，很坚硬，可作雕刻的材料和装饰品。马来西亚等地有盔犀鸟，它的盔突就是实心的，坚硬如象牙。在东南亚，华侨叫犀鸟为"大头鸟"，它的盔突由于中空（为蜂窝状结构），所以不重——不影响头部的转动，也不影响飞行。如果把这个"头盔"割下来，会使人误以为是塑料制品。

　　我们的祖先对犀鸟的盔突早有认识，在古籍中称之为"鹤顶"，在《元史·世祖本纪》中写到了"丹顶鹤"，它并不是指俗名仙鹤的丹顶鹤，而是指带红色"头盔"的犀鸟。

　　众所周知，犀牛角杯被认为具为鉴别毒性的作用：在毒酒注入杯中后杯壁会发生化学反应。在我国古代，认为"鹤顶"杯同样具有鉴别毒物的功能——毒酒入杯，此杯即呈现出特别的颜色来。在马来西亚，他们认为"鹤顶"戒指可以解毒。吉兰丹有个贵族，他家养的鸡中了毒，他就把戒指浸入水中，让鸡喝下此水，用以解毒。

　　"头盔"有助于犀鸟在稠密的树枝中摘食果子，能把坚果咬开，还可啄死小动物，甚至啄破龟的外壳。此外，它又是防身的"武器"。

犀鸟的头上有一块奇特的盔突

图片作者：Lip Kee Yap

乖鹦鹉

古代对鹦鹉善学舌早有记载。白居易在诗中把鹦鹉喻为敢于直谏的谏官，因此让鹦鹉得了个"谏鸟"的佳名。

由于它的学舌，在古代曾发生不少趣事。武则天爱养此鸟，她养的一只鹦鹉叫"雪衣"，羽毛洁白如雪，据说能"诵"《心经》一卷。武则天对它宠爱有加，将其养在金丝笼中。一天，她戏弄"雪衣"："你若能作偈（颂歌），就放你出笼"。"雪衣"即吟出："憔悴秋翎似秃衿，别来陇树岁时深。开笼若放雪衣女，常念南无观世音。"武则天为实现诺言，只得放了它。当然这是不太可靠的传说。据说杨贵妃也养过一只叫"雪衣娘"的白鹦鹉，它会念经。

读过《红楼梦》的朋友都记得第33回中黛玉止步后以手扣架说："添了食水不曾？"那鹦鹉便长叹一声，竟大似黛玉素日吁嗟音韵，接着念道："侬今葬花人笑痴，他年葬侬知是谁？"第89回写黛玉听到了紫鹃和雪雁的私语，这时架上的鹦鹉突然叫唤起来："姑娘回来了，快倒茶来！"把紫鹃吓了一跳。

据民间传说，李鸿章在任直隶总督北洋大臣时听说慈禧将驾临天津，为了向主子献媚，让一个上了年纪的女佣扮成后妃模样，教一只黄鹦鹉学叫"老佛爷万岁"。它每学一次，便喂它一点食物。当慈禧到天津那天，李鸿章把它献上。初时慈禧听它叫"老佛爷万岁"，十分高兴，后来听多了，不胜

鹦鹉

其烦，就让李莲英送还给李鸿章。李莲英为此还吟了首打油诗："鹦鹉学舌真不赖，讨得太后一时爱。谄媚之言须万变，只会一句谁不怪？"

鹦鹉学舌的轶事还真不少。

美国芝加哥一家动物商店里有一名叫'阿列克塞'

不同品种的鹦鹉有不同的美丽羽毛
图片作者：Riza Nugraha

的鹦鹉，见有顾客进门便说："亲亲我吧！"这使顾客很高兴，还会夸奖它几句。它爱吃苹果，主人给它吃苹果片，吃完后它会说："给我一张纸。"当然，这是主人教的，可是用纸擦擦吃苹果后的喙，却没有人教过，显然它是跟人学的。

有一年，西班牙某车站几辆火车发生相撞事故，站长指责司机擅自违章发车。后来经过调查，才发现车站对面的饭店阳台上有一只鹦鹉常模仿站长吹哨，司机便误以为是站长吹的。

有位英国妇女叫朱·海特，她养的一只鹦鹉失踪了。原来它在树林里迷了路，被一位农民带回了家。农民听到它总是重复一组六位数的数字，他觉得有可能是电话号码，于是，他试着拨了一下，接电话的正是鹦鹉的主人朱·海特，她异常高兴——鹦鹉终于能回归了。

英格兰南部某地有个小偷潜入某座住宅，正在行窃时，忽然听到角落里传来了"滚蛋"的尖叫声，他吓得拔脚就跑。其实这并不是房主人在喊叫，而是一只9岁的鹦鹉"阿瑟"在学舌。

聪明又勇敢的兔子

　　聪明与勇敢这两个褒义词用在狗的身上很合适，还能用在兔的身上吗？

　　兔子被敌害紧追时，并不直线逃跑，而是左冲右突，还会突然变向，侧跳后隐匿草丛不动。敌害以为它仍在逃，便会继续追去。

　　兔子确实很聪明。斯蒂罗夫见仓鸮俯冲袭兔，兔子迅即仰卧，用后肢迎击。仓鸮袭击三次均未成功。正要再袭，兔子竟求助于斯蒂罗夫——跑到他跟前，斯蒂罗夫捡起泥块、石子与树枝把仓鸮赶走。第比利斯一汽车司机也遇到过类似的情况：狐追兔，兔子逃到他面前，凝视着他，他赶紧把兔子抱进驾驶室，并关上门。

　　兔子的机智让人叹为观止：一猎人放猎鹰追兔子，兔子有意向果园奔去，那里有带刺的灌木。它钻入后用前肢抱住一根枝条，弯成弧形。当猎鹰俯冲下来快抓到它时，它突然松开，枝条恰好击中猎鹰。

兔子在逃跑中能急转方向，躲避敌害

　　台湾作家邱秀芷酷爱宠物，除了养狗、猫、鸡、鹅、龟之外，还养过猪、猴、蛙和兔。她的灰野兔叫"小黑"，鬼灵精怪又凶悍；它不但会开笼门，还会打开客厅的纱门进入屋内，直奔厨房，到菜篮边吃青菜。被主人发现后，它会赶紧回笼。有一次它上花台把朝天椒吃光了。主人打了它一下，没料到它竟回咬一口！有一次主人放它到外面吃草，一只大狼狗过来，它一跃上前，用前肢击狗，恰好击中狗的要害部位——鼻子，狗哀鸣而退！

替驴说话

法国科学家毕勋认为驴子并非许多人想象的那样，是一种退化了的马，它既不是私生子，也不是拖油瓶。

驴子吃亏在其貌不扬，其声不入耳，以及脾气倔；威风不及马，论力气不及牛。

有句骂人的话叫"蠢驴"，它真蠢吗？不，美国弗吉尼亚州有个生物研究所，不用狗来做看守用的动物，而是将这个美差交给了驴。有人认为驴可以代替牧羊犬看羊群，驴还富有时间观念。

上海散文作家赵丽宏的《驴呵，驴》，写的就是他在甘肃南部的经历：有一天晚上，他和小儿子在文县的县城小街上散步，看到两头毛驴。"没有人驱赶它们，它们似乎是熟门熟路地在黑暗中走向既定的目的地。"赵丽宏在此文中为驴抱不平，他说在人类的词典里，驴从来不是一种可爱的形象，还出现在"黔驴技穷""驴饮"等贬义词中。

画家黄胄笔下的驴却十分可爱——有一种憨厚之态，令人油然而生喜爱之情。

说它叫声刺耳，但从三国到晋就有一些名士爱听驴叫：建安七子之一的王粲便是。他死后，魏文帝曹丕对送葬者说："你们每人学一声驴叫为他送葬。"

驴有点倔脾气，一旦发起来，大有视死如归的劲头。没想到古代文人倒很欣赏这种脾气，一代名相王安石遭贬后，由此爱上了驴，每每出游不再坐轿，而改骑驴了。

驴到底是可爱还是愚笨，人们争论不休

怎样斗鸡

山东寿光鸡又名慈伦鸡，它长得高大，可能是春秋时齐国斗鸡的变种或后代。河南斗鸡俗称"打鸡"，鸡个大体壮，胸与腿发达，羽毛不丰，大多数无高冠，肉髯也退化。

我国斗鸡发源于河南，南阳斗鸡全国闻名。驯养斗鸡可不简单，首先要选鸡种，当年获胜的公鸡因遗传基因优良，可作"斗鸡"之父，一只种公鸡只允许做一次新郎、一次父亲，不然会造成近亲繁殖的苦果。小斗鸡在八个月后可先在同批弟兄们之间比武，行话叫"靠"，也就是淘汰赛。优者参加集训队列为"种子选手"。接下来的训练项目为遛、盘、跳、捋、按等，训练其体质、耐力与灵活性。

斗鸡分三轮，首轮在国庆节前后各县级选拔；二轮在元旦、春节期间，是地区级比赛；三轮为决斗，在二三月，是省级水平的较量。斗鸡赛分重量级，双方体重相差不允许超过 0.1 千克，身高相差不超过 4 厘米，不同龄的鸡不相斗。斗打招数各有千秋。总的斗法是"腿借嘴"——斗鸡用喙叼住对方脖子，飞翅上腿，向对方进攻。斗鸡既讲勇猛善战，又讲战术战略。若出现眼瞎、喙落、腿断，则为输者；若打死、卧下不动 3 分钟也为输者；双方精疲力竭而对峙，为和局。

斗鸡讲究血统。仅就毛色而言，青、红、白色属贵族阶层。青者为皇室嫡亲，羽毛浑青碧绿、光滑闪亮，无一根杂毛，且底毛厚而灰者为最上品。

斗鸡 图片作者：Amshudhagar

蜜獾与导蜜鸟的共生

鳄鱼与燕千鸟的共生现象已是老生常谈了。鳄鱼非常欢迎燕千鸟，因为燕千鸟充当了它的口腔"清洁工"；燕千鸟也非常愿找鳄鱼，因为鳄鱼的口腔是个"小食铺"。

非洲的蜜獾和导蜜鸟的合作更为有趣，因为它们最爱吃的东西是相同的——蜂蜜。

蜜獾不像鳄鱼自己会找到食物，它要取得蜂蜜，颇费周折。于是，它看中了导蜜鸟。导蜜鸟寻找蜂巢的本领很出色，但找到以后却不善于取蜜。它看到蜜獾就吱吱喳喳地叫起来，蜜獾一听到这种熟悉的声音，就知道"合作者"来了，高兴地奔过去。在这位"小向导"的引导下一同走向目的地。蜜獾常常发出呼噜声，好像在告诉"小向导"——"我跟着呐！"

目的地到了，导蜜鸟就停在一旁——看蜜獾大显身手：蜜獾身上全是长长的毛，好像穿了件防护衣，所以在用尖锐的爪子捣毁蜂巢时，蜜蜂虽然螫它，它却满不在乎。蜜獾吃蜂蜜时倒是"知恩必报"，它总是适可而止地留下一些蜜，赏给寻蜜有功的"小向导"，这样就各有所得了。

据观察，导蜜鸟带领的路程少则 20 余米，多则 700 多米。好笑的是：有的导蜜鸟会犯错误，把蜜獾带到一只废弃的蜂巢，使蜜獾乘兴而来、败兴而归。

蜜獾和导蜜鸟合作，可以吃到美味的蜂蜜　图片作者：Jaganath（左图），Alan Manson（右图）。

獴蛇大战的真相

　　以往公认的结论是"獴是毒蛇的天敌"，可是国外对此有了异议，有的动物学家认为，獴以"捕蛇英雄"的高大形象出现在世人面前，与吉百龄的小说有关。吉百龄是英国著名作家，在他的一篇富于想象力的短篇小说中，獴成了非凡的"豪杰"，只身营救了一个男孩和他父母，处死了两条杀人的眼镜蛇以及一条印度毒蛇。在吉百龄为獴"树碑立传"之前，人们并不是特别看重这种像黄鼠狼似的小兽，它跟其他小型食肉兽一样既吃蜥蜴、青蛙，也吃鸟、蛇和鼠，如果它所在的地区鼠类特别多，它就专吃鼠类。有些地区的人们对獴并没有什么好感，因为它在吃腻了一种动物后，往往会进入居民区偷捕家禽。19世纪末，夏威夷蔗田中鼠患严重，人们把獴看成是灭鼠"英雄"，请它到那儿去发挥特长。当蔗鼠数量下降，獴吃不饱时，当地的鸟类也列入了獴的食谱。

　　蛇是獴的食谱中的一道"家常菜"，有蛇可吃总是一件乐事。但它首先得衡量一下：它所遇的蛇是大是小，是凶是弱。如果来者又大又凶，它不会不识时务地迎上前去。如果很难脱身，它就会摆出架势竖起全身的毛，虚张声势地进行自卫，并随时准备溜之大吉。

　　美国学者詹姆士·奥利弗指出，獴固然有可能在眼镜蛇攻击时闪到一旁，然后一口咬住它的头颈，但生死搏斗的情况却很少发生——关于这方面的报道

獴是传说中的"捕蛇英雄"　　图片作者：Chung Bill Bill

也很少见到。他认为，獴既然有不少"唾手可得"的捕食对象，又何必冒着风险去捕眼镜蛇呢？

斯里兰卡有一位名叫迪拉尼耶迦拉的博士，出于对獴的战斗能力的怀疑，他把獴和蛇放在一只笼内，看它们如何行动：眼镜蛇居中央，竖身扩颈，两眼盯住獴，只要獴向前一步，它就会恶狠狠地咬去。起初的一刻钟里，獴只有招架之功，

大部分动物都不敢招惹眼镜蛇　图片作者：Kamalnv

没有还手之力，后来才扑上去搏斗。这时搏斗进行了一个小时，双方都精疲力竭，这时博士才把它们分开，因为再斗下去的话，眼镜蛇也许会败北。这次"实验"证明了一点：獴并未主动攻击眼镜蛇。

很有说服力的事实是，有人在印度尼西亚的千里达检查了180只獴，看看它们的胃里都有些什么，结果发现没有一只獴吃过毒蛇。它们吃的是鼠、鸟、蜥蜴、青蛙、昆虫、蜘蛛和无毒蛇（而且是小蛇）。有趣的是，千里达有几种獴专吃獴——它们动作敏捷，能迅速地把獴缠住，使它断气，然后把它吃掉。

所以对于獴蛇问题要注意区分具体情况，一概而论显然不符合事实。

我和马陆

一位朋友爱养花，谈起"花经"来头头是道。有一回，他端起花盆，不禁惊呼起"百脚"来。我瞥后笑道："你怎么连蜈蚣和马陆也分不清！看来要念一念'动物经'了。"

在多足纲中，马陆是最像蜈蚣的，有人就把它们称为"孪生兄弟"。南朝医学家陶弘景也错认它为蛐蜒（俗名蓑衣虫），后来李时珍在《本草纲目》中纠正了。

蜈蚣的身体更扁平　图片作者：Eran Finkle

从外形看，两者同样细长，有触角，有众多的足。但审视之下，就能分清楚：马陆足多于蜈蚣；身体不像蜈蚣那样扁平，而是圆筒形；从动作上看：马陆行动时慢如蜗牛，蜈蚣要敏捷得多。马陆被惊动后，全身缩成一团。蜈蚣则不像马陆那么懦弱，它会张牙舞爪地摆出决战的架势。

我种过草药，最讨厌马陆。我知道盆底是马陆的"安乐窝"，每隔一段时间，我就要"大动干戈"——端开花盆后，但愿它们四散"慢"逃，我用一把旋凿把它们拦腰切断，它们诚然像古书中所说的"寸寸断之，亦便寸行"。我让它们"分段"逃遁，因为我知道它们缺少蚯蚓那样"一分为二"后仍能再生的能力。所以百足之虫，被杀时"不僵"，但过不了多久还是会僵的。

我讨厌马陆，不在于它的外形，而在于它的臭气。马陆的臭气发自其体侧的臭腺孔，它还会分泌臭液，这是一种自卫武器，怪不得喜食蜈蚣的鸡对它毫无兴趣。

我不怕马陆，因为我知道它是"懦夫"，它虽有化学武器，但只能吓退鸡、鸟。

我看到马陆缓缓前行，不由得想道：四条腿的狗比两条腿的人跑得快；可是拥有数十只足的马陆却永远只能慢爬，这不是物极必反吗？我又想道：与其让那么多足互相牵制，互相扯皮，不如干脆"精简人马，齐心同干"的好！

马陆爬行缓慢　图片作者：Totodu74

"逃犯"章鱼

　　章鱼被称为"无脊椎动物中的灵长类"，可见它的"智商"之高；它想吃牡蛎的肉，就会久久地守候在一旁，待牡蛎的壳一开，便迅速投进一块石子或一块碎珊瑚，使它无法闭壳，它就可以伸出腕手享用一顿美餐了。它如果找不到现成的器皿或海螺壳，便自己动手造屋。它自重不过百克，却能拖动两千克重的石块。建筑材料可以是死海胆、蚌壳，也可以是石块、螃蟹壳，把它们垒成堆，中间是坑，坑顶盖一块扁平石块，一幢堡垒式的住宅便建成了。它修造时甚至能把石板稍稍抬起，下边垫好材料，说明它确实很聪明。

　　前苏联的一位著名动物学家曾在海边拾海胆，忽然一股水射入他的眼里，那"喷泉"便是一只章鱼所射。它的八爪长在口部周围，口内无牙，有的是喙状颚片；躯体似口袋，大头上有对富于表情的眼睛。若想把章鱼塞进瓶内，章鱼死乞白赖地用腕手抓住周围的一切——刚把一只腕手塞进去，另一只腕手又伸了出来。

　　有人将章鱼放入锅内煮，加上盖，点上火。待他揭盖看时，锅内竟空空如也！后来他在房顶上找到了章鱼，原来它等锅热了，就顶开盖子，顺着烟道上了房。

　　美国一位博物学家弄到一只长约30厘米的章鱼，将其放入一只编织篮内，就上了电车。一会儿车厢另一端的一位乘客惊叫起来，原来一只章鱼爬到了他的膝盖上！显然，这只章鱼是从篮子的小洞中钻出来的。

　　美国两位标本采集员捉到一只章鱼，将它放进空的香烟箱，并用钉子将箱盖钉死，还捆上绳子，放入舱底。后来他们开箱时发现章鱼已逃走了！章鱼的躯体柔软，收缩后可通过窄缝与小孔。

聪明的章鱼正把自己藏在贝壳里
图片作者：Nick Hobgood

会钓鱼的怪鱼

　　1957年4月，苏联电网渔船"斯大林纳巴德"号在大西洋纽芬兰以东的海面上捕鱼，在400米的深水中捕得了一条黑色怪鱼：它身长约0.5米，体扁平，两侧收缩；无鳞，却有许多尖刺；眼睛小得快被皮蒙住了；嘴很大，内有不少尖利的细齿，头及背各有两条长线；线端各有一小球。

　　100多年前，挪威学者霍尔别尔船长第一次捕到这种怪鱼，当时人们就称此鱼为"霍尔别尔"鱼。

　　在以后的100多年里，人们总共只捕到20条"霍尔别尔"鱼。它们多住在北大西洋——冰岛、格陵兰和加拿大沿岸。在其他海洋也有，但为数甚少。怪鱼生活于500~2 000米的深水中。因那里没有一丝光亮，所以它用不着鲜艳的颜色和尖锐的眼睛，但需要有大嘴和利齿。怪鱼又被叫做会钓鱼的鱼。它在黑暗的深水中游泳时，头上的"小灯"——线端的小球——就亮了。"小灯"摇摇晃晃地吸引小鱼前来，正像钓竿上的诱饵一般。"小灯"的构造颇为巧妙：光线只能前射，不能后射，因"灯"的后部的膜壁是不透明的。"小灯"所以会发光，这是因为它充满了会发光的霉菌。

　　怪鱼的身体两侧有一排感觉灵敏的乳突。小鱼向它游来时，水波触到乳突

鮟鱇鱼头顶的"钓竿"可以吸引小鱼

上，它就知道有食物送上门来了。这时，它慢慢地把"钓竿"向头部收拢，一直到小鱼送入口中为止。

　　在深水中，可以当作食物的小鱼不多，因此它只得升上来。因为水面小鱼很多，它只要张大嘴巴，小鱼就会游进去。这样它的"钓竿"就用不着了。

　　它是深水鱼，升到水面来，是不太习惯的。通常它能上升到离水面400~250米处，偶尔也会升到离水面120米处。这时，它才有可能被人捕获。

捕食之功夫篇

　　弱肉强食是动物界不变的规律：强者或是用牙，或是用爪，把弱者当成自己的食物。成群的恶狼会袭击大型哺乳动物，几乎所向无敌。但它们也有死对头，那就是"空中霸王"金雕——它铁钩似的爪子能抓住一头狼。鬣狗的咬肌非常发达，饥不择食时会把牛皮鞋或手枪套当作美食；它坚硬的牙齿能把大型动物的腿骨咬得粉碎，并吃下去。通常，鲶鱼重不过数斤，但也有很大的，重量可达七十余斤。当湖水快干时，鲶鱼的食物不足，如果岸边来了一条猎犬，它就会奋力冲上去咬住猎犬。小小蚂蚁何足畏惧，但热带森林里的劫蚁（也叫"游行蚁"）却令人生畏，它们成群结队地游行，什么动物遇上劫蚁都会被咬得体无完肤，即使长达五六米的巨蟒也不能幸免——被吃得只剩一副骨架！

豺及其传说

豺狼虎豹皆猛兽，人们熟知后三者，对为首之豺却十分陌生。由于对其缺乏了解，便使它神秘化，关于豺的神话传说自然应运而生。传说它是天庭的黄龙大仙，因镇守天门时偷放一仙女下凡而触犯天条，被玉皇大帝贬为天犬。一次，天犬发现凡间不善之兽盗食庄稼，遂心生一念，决定步仙女后尘，到凡间来除害。于是，它自愿降为凡犬。从豺的食性来看，它以鼠类、野兔等为食，这对保护庄稼有益，但它有时也会危害家畜，如浙南山中的豺就吃过山羊。

豺被有些人说成是"兽中之王"：传说领头的豺神通广大，能记住打过它的猎人，以后上门复仇；又说它的小便是猎人露宿时的护身符，猛兽闻到后就不敢靠近；还说曾有24只野猪被6只豺包围，其中4只豺封锁四方路口，余下2只豺轮番进攻，结果野猪或被咬穿喉咙或被从肛门挖出肠子而死。以上这些说法都失之夸大。俗语说："一猪二熊三老虎。"这猪便是野猪，比熊和虎还凶，野猪比豺多了几倍，竟败得如此之惨，岂非可笑！

豺看起来很像狗，地方名也多与狗有关

曾有一文，说豺在捕杀野猪时会从野猪头上飞过，刹那间野猪头上尿雨如注，眼中刺痛难熬，双目失明的野猪嗷嗷长嚎。要知道豺尿不是"非洲神枪手"眼镜蛇蛇毒，眼镜蛇喷射的毒液能致人失明，豺尿无毒，岂能令野猪的眼睛受损？

豺的地方名很多，湖北人叫它"扒狗"，陕西人呼之为"掏狗儿",那是因为它会掏出猎物的内脏来吃。此外,豺的地方名还有斑狗、豺狼子、豺狗子和竹杠狗等。

《本草纲目》说豺"其声如犬,人恶之,以为引魅不祥",因其叫声难听,便认为豺会引来鬼怪,这当然是无稽之谈。

养"虎"作秀

鲨鱼被认为是海洋中的凶神恶煞,其实又名逆戟鲸的虎鲸才更为可怕,它才是嗜杀成性的恶鲸。它体长9米,背鳍竖起如帆,口中牙齿密布,其中十余只牙齿特别锐利,常集群猎取比自身大得多的鲸,如蓝鲸。在墨西哥下加利福尼亚海区,曾有一群共30头虎鲸把一头长18米的蓝鲸团团围住,蓝鲸既无法浮出水面呼吸,也无法深潜。虎鲸如饿狼般冲上去,先咬掉蓝鲸起着舵作用的背鳍,再撕烂尾鳍,这才张开血盆大口吃肉,整个过程历时5个小时,追踪20海里,海水都被染红。虎鲸也猎食小一点的海兽,曾有一虎鲸被杀后,人们发现其腹中有海豚13头,海豹14头!

出人意料的是,虎鲸在被人驯养下却变得温顺起来。美国海洋水族馆经理格里芬从渔民那儿获得一头叫"纳木"的雄性虎鲸,将其养在围栏里。为了接近并使虎鲸对自己产生感情,格里芬就试着喂它麻哈鱼。起初,它紧张不安,不久便习惯了。再过了些时候,纳木允许他抚摸。纳木已喜欢上这个没有恶意的主人。每当小筏进入围栏,纳木会像狗似的紧紧跟随。有一天,格里芬穿着游泳衣进入水中,它也

虎鲸
图片作者:Alan Rockefeller

没有受到任何伤害。格里芬开始用刷子擦洗它的头、鼻子和下巴，它并没拒绝。于是，他干脆爬到它的背上，紧抱它的背鳍，让它驮着自己游泳。受到启发，格里芬认为不妨训练它做一些精彩的表演，其中有个节目叫"猫捉老鼠"：纳木腹部朝天，两只胸鳍露出水面，格里芬坐在它的胸上，两手握着它下颚的牙齿，纳木仰泳着在水中兜圈子。数圈后格里芬从它身上跳进水中，它立即追上来，把主人驮在背上。主人再次跳下，它再次从后面追来，驮上主人。真正危险的表演是格里芬用双手撬开它的大嘴，纳木可以让主人撬开，但只要它一不留神闭上了嘴，格里芬一双手也就完了。

动物盗窃团伙

　　动物间的合作十分奇妙，如犀牛与犀牛鸟，鸟儿啄食犀牛身上的寄生虫，犀牛当然欢迎；犀牛鸟愿为犀牛效劳，犀牛求之不得。它们的结盟对双方都有利。虽然一方是庞然大物，另一方是小不点儿，但是这并不妨碍它们成为朋友。

　　棕颈雀与棕熊也有着不同寻常的关系，说来挺逗：欧洲喀尔巴阡山上的棕熊正在打盹，忽然飞来一只小鸟，叽叽喳喳地在它头顶盘旋，把它吵醒了。它对于小鸟的这种行为心领神会——小鸟要带它到一个地方去，这是有好处的。小鸟在前边带路，飞着飞着，它落在树枝上，等"大朋友"过来，然后再往前飞去……终于到达了目的地，那儿的一棵树上有个蜂窝。小鸟的任务已经完成，它停在枝头充当观众，静观"大朋友"大显身手：棕熊最爱吃蜂蜜，它爬上树去，把蜂窝击落在地。蜂群怒不可遏地向它发起可怕的攻击，它依仗一身长毛，对此毫不在乎——只要能吃到蜂蜜，即使鼻子被螫肿也是值得的。蜂王已逃离蜂窝，蜂群随它而去，这时棕熊可以安逸地大啖起来。它吃饱后，摇摇摆摆地离开，留下那些残羹作为一种报酬，酬劳那位出过力的"小伙伴"。棕颈雀也是蜂蜜的爱好者，它自己无法驱赶蜜蜂，不得不借助棕熊之力。

　　在非洲的纳米布沙漠，也有这样的小鸟，它被称为导蜜鸟，与它合作的是蜜獾。小家伙发出的特殊鸣声会把洞中之獾唤出来，然后引导它到达土蜂窝的所在地。獾身上的毛也很长，所以捣毁起蜂窝没有顾虑。蜂群无可奈何地弃窝而去，蜜獾饱餐一顿，剩下的蜂蜡、蜂的幼虫由小鸟来收拾，导蜜鸟的嗉囊内有共生菌及酵母菌，能分解蜂蜡，变为可吸收的脂肪。

导蜜鸟如果找不到蜜獾，也有办法找到另外的合作者，那就是披着长毛的狒狒，在非洲，狒狒是很聪明能干的。如果一时没有找到狒狒，小鸟只得求助于万物之灵的人，也就是当地的土人。

集丑恶之大成的鬣狗

鬣狗一向"不得人心"，原因在于它集丑之大成。

阿拉伯人有句格言："你别贪心不足，学鬣狗在水中捞月。"可见，在阿拉伯人的眼里，鬣狗是贪得无厌的坏东西。

在《伊索寓言》中有一则《鬣狗与狐狸》，大意是，鬣狗每年变换其性，有时雄，有时雌。一次，它责备狐狸不肯与其交友，狐狸反唇相讥：还是责备你自己吧。因为我不知道把你当成女友还是男友。（当然，性的变易是不可能的，但鬣狗的性不易区别倒是事实。）在这则寓言中，鬣狗被视为暧昧不明、必须时时提防的家伙。

鬣狗之所以名声不佳，其貌不扬固然是原因之一，但主要还是在于它习惯不良。最突出的表现是食尸。

非洲猎人常把斑马或羚羊尸体放在猛兽出没处。翌日一看，诱饵早已不翼而飞。有经验的猎人很快就能猜出"盗贼"是鬣狗，它不但把腐肉吃个精光，而且连骨头也不剩一点。因为它齿坚龈强，消化力惊人，所以消化硬骨绰绰有余。有人曾在鬣狗的胃中发现不少骨头。

鬣狗的样子丑陋　图片作者：lkiwaner

　　"不劳而获"是鬣狗固有的习性。它经常跟在狮子后边，等狮子饱餐完毕，剩下一点残骸，它就去大吃大嚼。对鬣狗来说，狮子即便不算大方的"施舍者"，也至少有点小恩吧，可是它毫无"情意"，如果狮子受伤或衰老时，它就冷不防地猛扑上去——原来狮肉是它最喜欢的佳肴。

　　鬣狗喜欢独来独往，但要袭击村中的孕牛或病马时，也像狼一样合群。别看它平时胆小，一旦得势，就变得肆无忌惮，其中一只跳上背去，狠狠地咬住头颈，其后会有十余只紧追不舍。所以，它们在得不到"残羹剩饭"时也会侵犯无力自卫的家畜甚至小孩，这是最令人痛恨的。

　　鬣狗的丑性尚多，如丑态百出、生性好疑等，就是它的叫声也与众不同，像是咯咯的笑声，在夜半的旷野中听了颇使人毛骨悚然。

　　确实，它在人们心目中是一种猥琐的、令人厌恶的、卑鄙的怪物。

黑猩猩吃肉及其他

　　多年来，人们都以为猿猴是素食的，然而荷兰动物心理学家普鲁茹却在坦桑尼亚的贡贝河流域保护区看到黑猩猩捕食野猪：四只黑猩猩围攻几只野猪，结果俘获了一只小的野猪，把它抢上树去分食。英国动物学家珍妮·古多尔则在非洲看到了黑猩猩捕杀狒狒，把狒狒的脑髓当成特殊的美食——捅开枕骨大孔，将食指插进颅腔内，掏出脑髓来吃。

　　熊猫嗜竹如命，在竹类中最爱吃华桔竹，其次为大箭竹、紫箭竹和冷箭竹。然而它不是严格的偏食者，不像澳大利亚的树袋熊，只吃

现在的熊猫以竹子为主食，但它的祖先是食肉的
图片作者：Fernando Revilla

桉树叶，别的什么都不吃。由于熊猫的祖先是食肉的，所以它偶尔也开荤，竹鼠就是它捕食的对象。四川卧龙自然保护区五一棚的工作者为了捕捉熊猫，在装有机关的木笼中挂上羊肉，并在笼周围烧烤羊骨，引诱它前来。以前，在上海动物园，一只野兔钻进了熊猫房。它从熊猫身旁窜过时被熊猫一掌击毙，然后熊猫撕皮去内脏，打了一次牙祭。

　　猫逮耗子又吃鱼是它们固定的食性，但也有例外：山东省邹县田黄区凉水泉村农民洪玉福家养的一只黑猫，有一年春天每晚都到野外捕食野兔，真是奇闻。

　　蝴蝶吸蜜，天经地义，然而也有"出格"的：著名蝴蝶专家李传隆到四川峨眉山采蝴蝶标本时，发现一只小灰蝶聚精会神地在竹叶上吸食竹蚜虫分泌的液汁，使他大开眼界。后来，他在去新疆的路上发现一只小灰蝶正在吃马粪！粪是干的，它如何下咽呢？原来它会分泌唾液，将粪融化后便易于吮吸了。粪中含氨基酸，这正是蝴蝶维持生命的能源饵料。沙漠中缺少花草，蝴蝶的生存就成问题，以粪为食，正是一种它对环境的适应。

　　马是食草动物，在藏北高原，却有马儿吃肉的奇事！有人见牧民用肉喂马，马既吃牛肉、羊肉，也吃同类的肉，一天可吃 1.5~2 千克。原来那是在严酷的环境下经过人的"帮助"才养成的习惯：冬天牧草枯黄，春季更是缺草，为度难关，不得不喂之以肉，久而久之，马就能吃肉了。

　　类似的例子不少，像蛇岛上的鼠会吃海胆；辽宁省瓦房店市三堂乡海边的猪会捕食螃蟹；南太平洋托克劳群岛的法考福岛上的猪会在浅滩上摸鱼虾吃……这些情况多半是环境迫使它们改变食性的。

小灰蝶以粪为食也是对环境的适应

图片作者：Matt edmonds

渔家傲

我国江南地区河道纵横，有时能见到渔民驾一叶小舟载着鸬鹚去捕鱼。20世纪60年代中期，我到富春江上游，在七里泷严子陵钓台附近见到过鸬鹚捕鱼，小舟两侧蹲着几只鸬鹚，渔人一挥篙把它们赶下水。一会儿，它们就会钻出水面。有的喙衔活鱼。渔民用竹篙把它接上舟，在它颈部一捏，它就从嗉囊中吐出一条鱼来。

杜甫有诗句"家家养乌鬼，顿顿食黄鱼"，这"乌鬼"即鸬鹚。这说明唐代已有人养它。明代《本草纲目》中云："南方渔舟，往往縻畜数十，令其捕鱼"。在苏州，它被称为"老乌"；江阴人称它"水老乌"。这"乌"字道出了它的羽色——三年以上羽色全黑，泛出绿色光泽。渔民认为"毛紧、眼凶相、尾小、脚大、身骨硬"者为优。此鸟潜水深可达9米左右，水下可待上30~45秒，甚至70秒。水面泡沫多，说明它潜得深。它一般可"工作"10年，但个别有到28年的。每次捕鱼不应超过1小时，捕鱼后应让它休息1小时。它捕小鱼时咬的是鱼的各部；捕大鱼则专咬鳃。鸬鹚独自捕鱼时最大的鱼有10余斤；合捕则可捕上30斤重的鲤鱼，这在江阴是有过的。

饲养鸬鹚用猪肠、黄鳝及小鱼。日本、印度也用它们捕鱼，但那是蛇颈鹈，即蛇颈鸬鹚，颈长似蛇。

鸬鹚死后，主人会把它埋葬掉，或沉入水中，从来不去吃它。上海的乡间原有鸬鹚，后来河流污染，鸬鹚就不复有了。上海动物园因此养起鸬鹚来——把它们与海鸥关在同一笼中。其中一只很凶，要追打海鸥，又只得把它迁入无顶的鹳笼，为怕它飞走，剪去其一例飞翼。没想到它仍能飞起，飞进天鹅湖。人撑船去捉，

鸬鹚毛色全黑，善于捕鱼
图片作者：Brocken Inaglory

它潜水而逃。秋天到了，它长出新羽，竟能认出那捉过它的人。忽然有一天它不见了——必定是回归大自然了。

使恶狼发抖的鸟王

蜂鸟个子很小，一只墨水瓶盖子就足够做它的巢了；乌鸦的个子大一点，它的巢一般也不会超过5千克。你不要因此就以为所有的鸟巢都是又小又轻的，有的鸟巢的重量能达到1吨以上，高6米，宽2米，简直像一座小屋，这就是鸟王——兀鹰和金雕的巢。

金雕生活在我国东北和西部山区，在黑龙江五大连池附近的森林里，可以看见金雕的巨巢。它将巢筑在大树主干的顶部，从地面上望去，树顶的巨巢就像树栖居民的陋屋。金雕依恋旧巢，每年在旧巢上增添新的材料，这样就使得巢的体积越来越大，有时大风一刮，鸟巢会被刮到地上来。

金雕也叫鹫雕，体长近1米，双翅展开时长达3米，它的爪子有5厘米长，锐利有力。经过训练，金雕可以在草原上长距离追逐恶狼，待恶狼精疲力竭时，一只爪子抓住狼的脖子，另一只爪子抓住狼的眼睛，使得恶狼无法反抗，"束手待擒"。有一只金雕一生共抓住过14只恶狼。

金雕的捕杀力很强，"运载"力却较差。在顺风的情况下，成年金雕可以抓着4千克左右的重物飞行，但捕杀了较大的猎物后，却只能先肢解，再一块块带走。

金雕的翅膀刚强有力，也是它的武器之一。它用力扇动翅膀，可以将别的动物击倒，它常用的方法是突然袭击：出其不意地从天而降，以迅雷不及掩耳之势，将猎物抓走。可是金雕的这种突然袭击并不总是成功的，由于它俯冲速度太快，发出的呼啸声会惊动地面上的旱獭、兔子等，

金雕筑在崖壁上的巢穴

图片作者：wildxplorer from India

— 45 —

金雕　图片作者: J. Glover – Atlanta

它们朝相反的方向逃窜，金雕的转弯速度很慢，等它转过弯来，旱獭、兔子早就逃得无影无踪了。

在大兴安岭，凶猛的金雕逮住乌鸦、野鸡和野兔后，会连皮带肉一起吞下去。鄂温克族猎人曾经看到过金雕拍着翅膀从野猪仔的头上一掠而过，吓得野猪仔嚎叫着逃命，金雕不紧不慢地在后面追着，驱使野猪仔在峡谷中往返奔跑，气喘吁吁。野猪仔的速度越来越慢，等它累得筋疲力尽时，金雕便发出"嘶嘶"的响声，俯冲而下，先用尖喙狠啄它的眼睛，再啄开它的喉头，使野猪仔丧生。

在新疆的塔克拉玛干，有位名叫祖尔东·萨比尔的老猎人，饲养和训练金雕来捕捉狐狸。每年十月初到来年三月，他会骑着马，带着金雕，在戈壁、沙漠中穿行打猎。一旦发现狐狸，他并不急于放出金雕。因为狐狸见到金雕飞来就会朝猎人方向逃窜，这时金雕已向前飞去，很难急转弯，狐狸就会逃之夭夭。老猎人的做法是，当狐狸逃窜时，他驱马从后面追赶，狐狸在丘陵坑洼间左冲右突，等它晕头转向时，才放出金雕。金雕直扑狐狸，一只爪子抓住狐狸的后腿，另一只爪子抓住狐狸的嘴；把狐狸折过来压在身下，猎人上去，踩住狐狸的硬肋，狐狸就一命呜呼了。主人剥下狐狸皮后，会赏一条狐腿给金雕吃。

雕和鹰都属于鹰科动物。雕和鹰的种类都很多。蒙古人和哈萨克人都懂得怎样训练金雕去捕捉狐狸和狼。

金雕英姿勃勃，它不仅是使恶狼发抖的鸟王，而且是猎人的得力助手。

金雕的翅膀刚强有力

图片作者：Tony Hisgett from Birmingham, UK

黑精灵渡鸦

美国电视剧《亲仇》说的是渡鸦与人的故事：一位主人养了只调皮的渡鸦，有一次它把烟蒂衔走，飞进汽车库，落在汽油盆内引起大火，把车库烧了，主人气极，用枪追杀它，但考虑到它是女儿的宠物，最终并没把它打死。

渡鸦是鸦的一种，分布于我国的鸦有大嘴乌鸦、秃鼻乌鸦、白颈鸦、寒鸦和渡鸦。渡鸦是鸦科中最大的一种，长达 65 厘米，通体羽毛黑色，栖于山野高树、岩石上，或城郊高塔等建筑物上，分布于青海、甘肃、内蒙古及河北北部。

《亲仇》的主角实际上是那只乌黑的渡鸦。主人为了逮住它，有意把一把金属汤匙放入汽车内，渡鸦最爱收集闪光之物，便飞入汽车，这时躲在一旁的主人立即跑过去把车门关上。

鸦的聪慧是公认的。苏联有位叫夏尔马基的渔民饲养了一只名叫卡留莎的渡鸦，经耐心训练后，它能讲 60 多个俄文单词。它遇到陌生人竟会发问："你是谁？"它能辨认出从结冰湖面洞穴中钓出的大部分鱼类。

在加拿大安大略西北部有位农民，他养的牛五年内不断被渡鸦啄死，有一年他有 6 头牛成了渡鸦的牺牲品。他亲眼看到一只渡鸦停在牛的头上，不一会儿，就把牛眼啄出，牛痛倒在地，此时一群渡鸦俯冲而下，在牛的眼部和肛门周围猛啄乱咬。然而，渡鸦在加拿大属保护动物，禁止人们杀它们。农民试图用发声器或用渡鸦求救叫声的录音来驱赶，至今收效甚微。

渡鸦也做好事，如吃掉有害的昆虫，消灭动物尸体，使环境保持清洁。

渡鸦喜欢收集闪光之物，并将它们藏在自己的巢里
图片作者：Lara Stefansdottir

弱小动物也有秘密"武器"

　　有毒动物是动物界的"恶魔"。蛇长了毒牙，就有了厉害的自卫"武器"，同时也可以用来制服对方。有毒动物也有天敌，但比起那些缺少自卫"武器"的动物，天敌自然少多了。

　　蜈蚣有毒，但怕鸟类，倘若遇到了蜘蛛，也得退避三舍。据报道，已发生过小蜘蛛吃掉大蜈蚣的事：蜘蛛吐出丝来，缠住蜈蚣的两根触角，粘在墙上，把它吊起，使之失去挣扎的能力，然后跳到它头部吮吸它的体液。人们总以为蜘蛛是软弱可欺的，它何以能制伏强者呢？原来它身上有两件秘密"武器"：一是带有毒腺的螯肢，螯肢抓住蜈蚣后，会分泌肽毒素，使蜈蚣神经麻痹而死；二是蜘蛛胃内的消化液，一旦注入蜈蚣体内，能使它壳内的一切变成液体，供自己享用。

　　白蚁能蛀蚀坚硬的木头，这已经使人感到它两颚的厉害，然而它的本领还不止于此，它竟然能吃掉白银！经仔细观察，人们终于弄清了它的秘密：它并非用两颚啃吃，而是体内的秘密"武器"——一种高浓度的蚁酸（甲酸）——在起作用，白银一沾上它就会被分解成粉末，这才被白蚁吃进肚里。

　　蜗牛是软体动物，居然能在有壳动物身上打出洞来！蜗牛的舌面上长着无数的细牙，然而要用这些牙齿磨出个洞来至少需要几个月。于是它也像蜘蛛一样，使出自己的秘密"武器"——分泌液体：那是从嘴里吐出的唾液，相当于浓度约为4%的硫酸溶液，如果滴在大理石上，竟会冒出

有些蜘蛛具有毒性，可让猎物死亡

萤火虫能注射毒液，融化猎物
图片作者：Timo Newton-Syms

气泡，发出嘶嘶声来！

蜗牛这种高超的腐蚀法并非"独家本领"，萤火虫也有这一手，它竟然用在蜗牛身上，有点"以其人之道，还治其人之身"的味道。它遇到蜗牛后，把头上的颚合拢，变成一枚锋利的钩子，刺进蜗牛的肉体，每刺一次，就注进一点毒液，使蜗牛胀痹。然后注进另一种液体，使它的肉体变成流质，并用管状的嘴吮吸，就像我们用麦管吸橘子汁一般。

其实，人类也有类似的软化硬食的本领，与动物不同的是，人不是采取吐出胃酸来腐蚀的办法，而是在摄取食物前就用各种方法软化硬食。动物的那种摄食法倘若运用到科技上去，倒是不无裨益的。

以"抱"作战的食蚁奇兽

食蚁兽堪称形状最奇特的哺乳动物之一：它那漏斗状的头部和大扫帚似的尾巴，看上去很不协调，给人以头轻尾重之感。再加上它步行缓慢，步态笨拙，自有一种滑稽相，这和它的近亲犰狳（同属贫齿目）非常相似。

这种奇兽以蚁类为生，它的身体结构便必然要适应这种生活。正如号称"非洲食蚁兽"的土豚一样，它们都有一条绳状长舌，舌上黏液丰富，既适宜伸入蚁巢，又很容易把蚁黏住。它以每分钟160次的惊人速度舔食，每天可以吞下三万只蚂蚁！

它的前肢除第五趾外，都有长约10厘米的钩爪，可捣毁结实的蚁

食蚁兽头部又长又细，有一根大尾巴

食蚁兽性情温和　图片作者：Worldexotics

巢。它的皮毛强韧无比，不但是蚁群，就连猛兽也不好对它下手。

食蚁兽性情温和，有的猛兽误以为它软弱可欺。其实，别说它敢于和豹搏斗，就是更凶猛的美洲虎，它也决不示弱。一般说来，美洲虎并不以它为食，因为美洲虎知道这种"怪物"不好对付，但偶尔也有饥不择食的。美洲虎要解口馋，就果断地咬断它的喉管（要想从背后偷袭它并不见效：一是其背部毛皮不怕咬，二是它的听觉很好，不易潜近），但是那要冒很大的风险；万一被它抱住（它是能站起来的），那就凶多吉少了。它体长可达1.4米，个头不算大，但"抱"的动作既迅速，力度大，又能以尖刀似的瓜子刺向对方的肋部而将其置之死地。

这一招在动物中是极为少见的。据日本动物学家小原秀雄介绍，有一位叫贾德纳德的植物学家曾遭大食蚁兽袭击，在被它抱住后，眼看情况危急，幸亏他手中拿着一根木棍，猛击它的头部，才得以死里逃生。

奇特的是，巴西塔克修喀曼部落的人们竟把食蚁兽当作食源之一。他们虽无先进的猎具，却能猎取凶猛的食蚁兽。毕竟"万物之灵"在智慧上远胜于美洲虎。但必须指出的是：食蚁兽消灭白蚁，对人又无害（只要不去伤害它），故应列为益兽。

从鲨鱼怕小鱼说起

在动物界弱肉强食的常态，但也不完全是这样。

鲨鱼厉害吧，在海洋里，很少有它的对手。但是，有一次，一个人遇到了鲨鱼，眼看要受它的致命袭击了，突然，鲨鱼好像发现了什么可怕的东西，转

蜂鸟能行动敏捷地飞，让大鸟头晕目眩

图片作者：Dan Pancamo

身游开了。那人看到附近有一条比目鱼！

厉害的鲨鱼为什么怕这个小不点呢？美国生物学家尤特日尼亚·卡拉尔卡发现比目鱼能分泌一种乳白色的剧毒液体。一份比目鱼的毒液用5 000份水来稀释，也能毒死周围海里的海星和其他小的海洋生物。人却不用怕它，即使比目鱼的毒液滴在人的舌上人也不会中毒。

蜂鸟是世界上最小的鸟儿，生活在古巴的发育成熟的雄蜂鸟体重只有2克，一只汤匙就可以给它做巢。别看它小，但它在强敌面前毫不畏惧。如果大鸟要危害它，它会以非常灵敏的飞行动作避开，并在大鸟头部四周兜圈子，使大鸟头晕目眩，只好赶紧飞走。

猫吃老鼠，这是人人皆知的，但是，非洲居然有一种吃猫的老鼠。这种老鼠的模样很像家鼠，只不过嘴上有层硬壳，会散发出阵阵强烈的臭气。猫闻到臭气后，浑身不能动弹。这时老鼠就用尖牙咬断猫的喉管，吸光它的血，然后拖到角落里去慢慢享受。

蛙类很娇嫩，常被比它大的对手吃掉。但是中南美洲森林里的箭毒蛙，谁见了都害怕。它体长不超过5厘米，一身鲜艳的黄色，耀眼得很，好像在警告来犯的敌人："别碰我，要不，够你受的！"有位到南美研究箭毒蛙的女科学家在丛林里剥制一只箭毒蛙，不小心，被手术剪划破了手指。虽然伤口很小，但她立即感到自己

箭毒蛙用鲜艳的颜色警告敌人

图片作者：Luis Miguel Bugallo Sánchez

的喉咙被一只有力的手卡住,透不过气来。她赶快挤压伤口,阻断血液循环,并吮吸伤口。这样过了几分钟,她才渐渐好转。幸好她及时处理了伤口,否则后果不堪设想。

我们听惯了蛇吃蛙,要是有人告诉你蛙吃蛇,你可能还不容易转过弯来呢。吃蛇的蛙生活在热带森林里,叫热带森林烟蛙。它体重不超过 0.5 千克,肤色呈淡黄褐色,有深黄褐色斑纹,腹部白色,四肢很粗,浑身肌肉非常发达,胸前有两块坚硬的肌肉,可以当做钳子,夹住猎获物。它不但吞食小鸟、老鼠、蜥蜴和蝙蝠,还能吞蛇!蛇不动,它也不动;蛇一动,它就伸出又长又富有弹性的舌头,把蛇卷过来,衔在嘴里,直到蛇断了气,才慢慢吞下去。有人见过它花了两天一夜的时间吞食一条长 74 厘米的食鼠蛇。

蜘蛛好厉害

1981 年夏季的一天,上海耐火材料厂的一只水斗旁,一只长 15 厘米的蜈蚣正在墙脚向前爬去,忽然止足摇首,原来前面是只绿豆般大小的蜘蛛!它们对峙片刻,蜈蚣先向蜘蛛扑去,后下手的蜘蛛并未遭殃——它敏捷地避开了。蜘蛛迂回过去,跃上蜈蚣头部,蜈蚣左右摆首,要咬蜘蛛而不能得逞。此时蜘蛛吐丝缠住蜈蚣左触角,然后快速到墙边把丝黏住,蜈蚣的头部被稍稍提起。蜘蛛又跳到蜈蚣头部,用同法缠住右触角,把另一端的丝黏在墙上,并慢慢收起,使蜈蚣再挣扎也无法摆脱。蜘蛛这时才重又跃上蜈蚣头部,伏着吮吸其体内液汁,终于将凶神恶煞般的大敌置于死地!小蜘蛛所以能战胜大蜈蚣,是依仗一对有毒螯肢刺入对方体内,使之麻痹而死亡。它有吮吸胃,内有消化酶成分,胃内消化液注入其体内,依靠胃壁收缩,吸入它的血液与液汁,从而使它只剩下个空壳。

令人恐惧的黑寡妇蛛
图片作者:Toby Hudson

说起毒蜘蛛,最著名的当属塔兰台拉蛛,它是狼蛛属,所以又名欧洲大狼蛛。"塔兰台拉"原是舞蹈名,发源于意大利南部城市塔兰托。15世纪意大利南部流行一种癫狂性的舞蹈病，当时被认为是被塔兰台拉蛛蜇后所致，患者若想得救，必须疯狂地跳跃方能使毒性散发。塔兰台拉蛛的寿命长达30年，以蜥蜴、蛤蟆、老鼠和雀鸟为食，但无食时可活上两年。另一种出名的毒蜘蛛是红斑蛛，也叫黑寡妇蛛，得名来由是：每当一次狂热的爱的结合后，其爱侣就成了牺牲品。它分布于欧美等地，全身披着黑绒般的外衣，人若被蜇，严重的会死亡。我国新疆等地有穴居狼蛛，也是毒性很强的蜘蛛，骆驼、牛、马若受其侵袭，也会丧命，唯有绵羊可以幸免——穴居狼蛛从不去伤害它。

澳大利亚有一种黑蜘蛛，因其只生长在悉尼市及其郊区，所以叫悉尼蜘蛛，雄性的悉尼蜘蛛毒性极强，人若被蜇，往往难以活命。奇怪的是，另一些人被蜇却安然无恙。澳大利亚内地有一种特大蜘蛛，叫猎人蛛，体长近16厘米。有人到乡下旅馆就寝，若发现蚊帐内有一只巨型蜘蛛，不必大惊小怪——它无毒，不害人，只会对付蚊子，是称职的"梦乡卫士"。

鳄鱼口下的死与生

澳大利亚北部的纽伦拜附近发生过一起骇人听闻的惨事：一条长约4米的鳄鱼，拖走了潜泳运动员特弗雷·加恩，当时他正在离岸几百米的地方潜泳。当他遇险时，他的妻子在岸上看得一清二楚，可是眼看丈夫被咬，并且发出惨叫却无法营救，这使她痛不欲生。

鳄鱼伤人的事常有耳闻。

鳄鱼攻击人，一般地说，是由于水中自然食物不多。因为鳄鱼要想吃人并非易事。为什么加恩被拖走以后，鳄鱼不立即吃掉他呢——数小时后，一个搜寻小组在一条小河的岸上发现了他的

鳄鱼是一种凶猛的爬行动物

图片作者：Tomás Castelazo

尸体。如果了解鳄鱼的捕食特点，就会恍然大悟：原来鳄鱼的牙齿并不像哺乳动物那样可以用来咀嚼食物。狮子可以从马的身上咬下一块肉来，鳄鱼却没这个本领。鳄鱼是爬行动物，而爬行动物是惯于"囫囵吞枣"的。当它捕到人以后，它会咬住不放，把人溺死（加恩就是溺死的）。鳄鱼的喉咙不大，要想吞下人就好比蛇要想吞大象一般困难。怎么办呢？它就把人拖到冷僻的岸上搁着，任其腐烂，然后前来就餐——咬住人体一端向两侧乱甩，把人体甩碎了，才拣小块吞下。

从加恩的尸体上可以看到，伤口只有几处，而且较轻，这就说明他不是被咬死的。

我们还可以举另一个真实的案例来说明鳄鱼并不立即处理自己的大的猎获物：事情发生在非洲的马拉维，一位村民在朋友的目击下被鳄鱼拖入水中。看来，这位不幸的友人是必死无疑的了。那一次，鳄鱼并没有把人拖到远处的岸上，而是随即拖入附近的鳄鱼洞中。那儿有一条斜向的通道，鳄鱼就把"死"人拖入洞内超出水平线的通道上。过了些时候，那位"死"人却活了过来，原来刚才他不过是暂时的窒息而已（这多亏鳄鱼洞离出事地点很近）。他醒来时发觉"凶手"就在身边，吓得连大气也不敢出——提心吊胆地忍痛等待。他真走运，鳄鱼终于又一次下水去了，他这才拼命挖大洞顶的出气孔，从那儿逃了出来。当他回到家时，家里人还以为是鬼魂出现，没让他立即进门！

鳄鱼如果具有狮子那样的食性，那么这位村民是不可能死里逃生的！

鳄鱼的双颌强劲有力，不过它们习惯"囫囵吞枣"

鬣狗的食性奇观

鬣狗不是狗，与猎狗风马牛不相及。它不属犬科，而是猫形动物——从化石上看它与灵猫极为接近。它对我们来说颇为陌生,在非洲却是一种普通的动物:常见它们与秃鹫争食，被狮子赶到一边，眼睁睁地看着自己辛苦到手的猎物成了"强盗"的美餐。

说起鬣狗，总让人想起它那贪婪的吃相，肯尼亚国家公园原主任麦尔文·科维曾谈到，有一次他把一大块角马肉挂在树上，为的是不让鬣狗够着，以便塑日用它去引诱狮子。谁知鬣狗闻腥而来，其中一只使劲一跃，竟离地两米半，用牙咬住肉，把自己高高挂起。另一只鬣狗如法炮制，咬住那一只的腿，也高挂着，直到肉被撕下一块同时落地为止。

在东非塞仑格提的穆克马平原，19只鬣狗咬死了59只汤氏瞪羚，其中13只瞪羚被吃，但吃掉的不多，有几只羚羊被吃得荡然无存。这种"杀多吃少"的现象可能与"觅食不易，一旦有食物，便多杀一点"的心理有关。众所周知，鬣狗善于"吃硬"，饥饿时是连皮带骨都不放过的。以前肯尼亚内罗毕近郊有家屠宰场，附近的鬣狗常来吃该场丢弃的家畜内脏和骨头。后来该场关闭，鬣狗因此陷入绝境，竟把场内一切皮革制品，包括皮鞋、帽内皮垫和自行车坐垫等都拿来果腹，甚至地板刷上的毛也没放过！

鬣狗善嚼尸骸与它的第三对臼齿既粗且壮、下牙床异常坚硬、咬肌极为发达有关。对于牛马等大型动物的腿骨，它一咬即断，然后嚼得粉碎吞下。

鬣狗常常与秃鹫争食物
图片作者: Jerry Friedman

鬣狗咬肌发达，善于嚼碎骨头
图片作者：Sumeet Moghe

要是在非洲草原上看到"白粉笔"那便是鬣狗吃过骨头后的排泄物。有人发现，留在野地的帐篷、布片、电线及罐头等都成了它的猎物——似乎在它的利齿下，没有东西能幸免！在东非，鬣狗可以在它的猎获物死去前就以惊人的速度吃掉它。据报道，35只一群的鬣狗从杀死到吃光两头重806千克的斑马，仅用时36分钟。

鬣狗有食尸的嗜好，因而浑身散发着臭味，闻了令人窒息。但正是这些食尸者使热带大草原得以保持清新的空气。

蟾蜍撷取

世界上的蟾蜍约有300种，以南美及澳大利亚的种类最多。我国仅有12种蟾蜍，其中以黑眶蟾蜍、花背蟾蜍和大蟾蜍中华亚种的数量最多，蟾蜍的外观不雅，但它的环境适应能力极强，又不怕高温及干旱，因为它的皮肤高度角质化，可防止体内水分蒸发。

蟾蜍捕食的昆虫中多为害虫，如蚱蜢、蝼蛄、玉米螟、地老虎、黏虫、蛆和蚊等。它的胃口很大，胃内能装下200多只黏虫。有趣的是，丹东市东沟县尤源堡有位小学生捉了3只蟾蜍，把它们放在灶屋。一周后屋内的蟑螂全被它们吃光。

谁也没料到蟾蜍的敌人竟是马蝇的幼虫，这是一种肉食性昆虫，藏在烂泥中，当幼小的蟾蜍路过时，它便用尖硬下颚咬往蟾蜍不放，然后一点一点吸取蟾蜍体内的血液，直至其死亡。

按理说，蟾蜍的寿命不长，但有个叫阿斯考特的英国人，他家附近阶梯下有只蟾蜍，他每天给它喂食，就这样一直喂了36年之久！

蟾蜍笨拙，似乎谁都可以欺侮，但出人意料的是，江苏省如东县马塘镇曾发生过这样的奇事：一只重50克的蟾蜍面对重1千克的母鸡，毫不畏惧，相持了二三秒后，母鸡先进攻。双方一来一往，斗了十余个回合，母鸡一口啄住蟾蜍的眼，一小时后蟾蜍皮开肉绽，终于呜呼哀哉。母鸡啄食了蟾蜍，翌日母鸡中毒而死。蟾蜍

蟾蜍看似笨拙，但它的毒汁让许多动物都惧它三分
图片作者：Bill Lionheart

的耳后腺所分泌的毒汁有强心、镇痛和止血作用。在明清时期，每年农历五月初五，皇宫太医院要派官员到南海子捕蟾蜍，取蟾酥配制御用药品，故京师有谚语云："癞蛤蟆逃不过五月五日。"

蟾蜍有"特异功能"，即从冬眠中醒来后为繁殖后代，会准确地爬向特定的池塘产卵。途中如遇其他池塘，它也能识别出来，回避绕行。日本有位大学教授观察发现，蟾蜍按记忆的道路找到的特定池塘原来是它的出生地。至于它为什么具有这种记忆力，现在还不太清楚。

大鲶鱼

菜场所售鲶鱼重不过一两斤，因而会让人误以为它的体型并不大。但有一位姓马的钓者在湖北监利港码头边用小型竹竿钓鱼，鱼饵是1寸长的鸡肠，下钩才一刻钟即有大鱼上钩，结果他钓到的是条大鲶鱼，重15千克！

天津一家大酒店的采购人员去菜场买鱼，买到一条大鲶鱼，竟重达21千克！那是一位渔民在海河支流捕到的。此鱼后来被自然博物馆收购，制成标本。

德国不来梅州一公园发生过一桩骇人听闻的奇事：2001年，大鲶鱼库诺突然从湖中冲上岸，一口吞下一条猎犬。后来一名园丁发现它陈尸湖边，原来是天气太热，导致湖水水位下降，"杀手"因此难逃厄运。该鱼长1.5米，重35

鲶鱼的头上生有胡须

千克！

一般的鱼上岸即会死，但鲶鱼不同——它的鳃腔上方长着树皮状的辅助呼吸器，能呼吸空气。有的鲶鱼会到河边，把尾巴搁在岸上，把头没在水中，引诱老鼠前来吃尾巴，它突然一转身，把老鼠甩入水中，然后把老鼠吞下。

据《食品词典》记载，鲶鱼中大者重40千克，可见重35千克的鲶鱼并非最大的鲶鱼。最大的鲶鱼当推泰国湄公河巨鲶：清莱省的几位渔民经1小时苦斗，捕获一条长2.7米、重298千克的鲶鱼，这可能创下了淡水鱼最重纪录（只有我国的白鲟才能与之抗衡）。

欢迎你，像蜘蛛的蝇虎

清代文学家吴趼人著有《俏皮话》，那里的俏皮话既有趣，又含意深刻。其中有一则题为《虎》，写的是蝇虎，大意是：苍蝇和蝇虎是死对头，有一天冤家路窄，苍蝇说，有朝一日我变成人，要把你们一一捉住，以泄我恨。蝇虎笑道，你若变成人，我就变成真老虎，还怕你捉杀吗？

不少人都误认为蝇虎为蜘蛛，这也难怪，它的外观跟蜘蛛相似（它本是蜘蛛的亲属，同属蛛形纲，只是它不结网）。所以它常被当作蜘蛛而被打死。这是很可惜的，因为它是益虫，会捕捉苍蝇。我对它的名称很感兴趣，蝇虎即吃蝇的老虎，所谓"老虎"，指的是它会蹦跳，扑袭苍蝇时那动作与虎扑羊相似。它有单眼四对，其中一对特大，每跃进一步，即昂首四望，虎视眈眈，目光熠熠，真是神气十足，与虎无异。我尤其喜欢江南人对它的称呼——"苍蝇老虎"，把两种动物名列在一起，这样的叫法是罕见的。

每当它突然出现在案头，我总是热忱欢迎，从不惊扰它，就像壁虎的光临，我同样说一声"You are welcome！"我一直盼望着会看到一只纯白色的两眼是朱色的蝇虎，因为李时珍在《本草纲目》中说到过有这种白色蝇虎。我估计那是白化了的蝇虎，是很少有的。

我们知道小昆虫在古代被豢养起来，让它们表演节目，如明代有"蚂蚁角武"；在清代有"蚂蚁摆阵"。没想到蝇虎也被人看中过，那是唐代长庆年间艺人韩志和在一个用柏木制成的

蝇虎有四对单眼，外观与蜘蛛相似
图片作者：Karthik Easvur

小屋子内，养了200来只蝇虎，它们能听令排成几支队伍，还能随着乐工演奏《凉州曲》的节拍急速地旋转起舞哩。

猎鹰

猎鹰在4 000年前就出现了，中亚的吉尔吉斯人就会驯养猎鹰，利用它来捕狐狸。后来，中世纪欧洲贵族把猎鹰作为一项体育运动，同时也是一种娱乐。有些情侣到教堂举行婚礼，新郎将它架在臂上。平头百姓养的多为短翅鹰，只有贵族才能养名贵的长翅猎鹰。在英国，猎人养它是为了捕英格兰松鸡。欧洲人很看重它，所以有这样的说法："第一是鹰，其次是马，再次是猎狗，最后才是地位低下的鹰猎者"。

欧美人认为游隼最理想。苍鹰也不错，但它却怕人、怕猎狗、汽车以及自己的影子。鵟也可以驯养，它是一种短尾羽的宽翅鹰，最常见的是红尾羽的鵟。

不同的鹰有不同的训练方法。训练时要记住不要让鹰杀死猎物，而要让它将猎物带回来。作为猎鹰，那鹰应为雌性，因雌性一般比雄性大三分之一，能捕到更大的猎物。训练一只成年苍鹰可不简单，你走到它面前，它会紧张得把羽毛紧缩起来，露出凶相。如要它离开栖木，驯鹰人要用不戴手套的那只手解开捆它的皮带，然后将带缠在它背上，将它轻推到戴手套的那只手上。此时它

张望着，充满疑惧的神情。随后它可能猛冲乱撞，折腾好几次。它发怒时要给以好吃之食，使之平静。头几天它可能拒食，这时你可暗示它肉在何处，但勿把肉放在与它的喙水平的位置上，这样它不习惯，会发怒。通过喂食，慢慢地它才开始比较安分地待在你的拳头上。这一训练完成后就可让它起飞了。

人们认为游隼很适合用作猎鹰

图片作者：Dennis Jarvis from Halifax, Canada

一条狼性难改的狗

　　黄鼠狼偷鸡，这能理解；野猫抓鸡，也不出格。可是狗去鸡舍为非作歹，这就怪了！更怪的是，它把鸡咬死后不吃，而是带到山里埋了！这是为什么呢？不为吃，难道是玩儿？当然不是。

　　我与友人到安吉大溪，入住农家乐后，游藏龙百瀑。翌日乘主人的车去附近的九龙峡，那儿也有农家乐。

　　我们放下背包去看白茶王。山路难行——左边是山，右边是深沟，也没有栏杆，我们胆战心惊地走了一段路，见前边更险，只得原路返回。

　　我嗜茶，尤喜饮野茶，凭我的经验，峡内横坑坞农家有野茶。果然有户农家贮着野茶——我们与女主人在她家门内喝茶聊天，谈的是白茶王和她家对面山上的野茶树。其间，我去参观她家的炒茶机，回来时经过暗暗的窨堂，只见方桌下有一大坨黑色的东西，走近一点才看清是条大黑狗（事后才知道这条狗达五十余斤）。它的毛蓬松着，神情沮丧

狼的尾巴总是耷拉着

图片作者：Jan nijendijk

地趴着，对我们的到来冷漠得很。我觉得它似乎遇到什么天大的委屈——一副厌世的模样。

我们和女主人的话题自然地转移至大狗阿黑身上。

原来它是土狗（当地的狗）与狼犬的后代。它年幼时还比较规矩，长大后忽然变得怪异起来：它去袭击邻家的鸡，把它们咬死后埋到山上。愤怒的邻居告上门来，主人少不了要教训它一顿。但太平一阵子后老毛病又犯，不得已主人只能用链条把它锁住。亲戚来访，发觉后告诫说："万万使不得，以后放了它脾气会暴躁难治！主人为它解了链条，它又去袭鸡。邻居大为不满，主人既赔不是还要赔钱。

有一年冬天阿黑又闯祸了，它把人家缸中才腌的几十斤猪肉叼走了！这可是人家过年的菜啊！主人全家出动，上山去找，好不容易才发现土中有腌肉外露，全都挖出，还好，天冷肉还没坏，但送还人家说不过去，该赔多少钱还是得赔。

主人气得七窍生烟，怒斥阿黑："再这么干，我把你杀了，吃你的肉！"

它有灵性，能捉摸出此话之意。这下可把它吓得不轻，于是闷声不响，不吃也不喝。随即阿黑不告而别，去了主人哥哥在大溪开的饭店——几里路外，它曾去过，认得路。

它是去避难的，但好景不长——一条大狗趴在店外，客人见了这凶神恶煞皆裹足不前。店主眼见生意被搅黄了，要撵它，它不肯回去，死活都想赖着。

谁能让它回家？只有它的主人。主人来了，好说歹说："跟我回去吧，只要你不再干坏事，我不会把你怎么地！"它能察言观色，乖乖地跟主人回了。

自此，它痛改前非，也因此郁郁寡欢。

主人的邻居跟我说："它的尾巴总是耷拉着，只有狼才如此。"

我挺同情它，它是情有可原的——那是狼性在起作用：狼在严酷的环境中懂得"积食防饥"之理。例如，非洲的猎豹也会那么干，把多余之食（如羚羊）藏在高高的丫杈上。

阿黑不会挨饿，它"积食"并不为了防饥，而是狼性未泯啊！

有些品种的狗看起来很像狼

图片作者：Kirsten Dieks

长蛇吞象

　　蛇最长可达几米呢？1972年，马来西亚曾捕获一条大蟒，长达8米以上，被英格兰的那瑞斯波罗动物园饲养。其实，这还不是最长的蛇，在南美有一种叫森蚺的大水蟒，才是世界上最长的，通常它长达8~9米。1956年11月，人们在哥伦比亚瓜比亚瑞河下游捕杀了一条大水蟒，长10.24米。据报道，1944年哥伦比亚人曾在奥里诺库河捕到一条长11.42米的大水蟒，后来它逃走了。美国的爬行类研究专家阿尔奇·卡尔却认为，大水蟒充其量只有9米多长，那些报道有很大的水分。美国纽约动物学会曾经开价5 000美元收购一条9米以上的活大蟒，未有结果。人们曾发现过15.2米长的化石巨蛇，但那只是化石而已。

　　森蚺能吞下一头羊，这样的巨蛇也能吞下一个人，但对于它吃人的报道极少见到。

　　有句俗语叫"贪心不足蛇吞象"，其实，蛇再大也无法吞下一头象，但从吞咽能力看，蛇的确异乎寻常。非洲卵蛇是专靠吞蛋为生的，它长约60厘米，却能把直径大于自身4倍的蛋吞下去。

　　毒蛇一般不太长，但眼镜王蛇却长达5米，可吞食一条比自身小一半的蛇。山村蝮蛇可达3.7米，能吞下野兔。钻石响尾蛇达到2米，可吞下一只鸡。

森蚺是世界上最长的水蟒　图片作者：Wagnermeier

可恨，但更可爱

日本伊豆大岛泉津有个动物园，曾养过一些台湾松鼠，这些松鼠深受孩子们的喜爱。可是后来台风毁了围墙，松鼠外逃，见岛上有山茶树，便如鱼得水——山茶树籽是它们的美餐。不出一年，松鼠繁殖到两万只以上，使种植者大为恼火。

松鼠是典型的树栖啮齿动物。孩子见了它那玲珑的面容、闪光的大眼、直竖的耳朵、蓬松的尾巴、捧食时的滑稽神态，以及轻灵的跳跃动作，无不喜形于色。但种植者看到自己的作物受害，无不厌恶蹙额。

我曾在天台国清寺喜遇过松鼠：那儿有个"鱼乐国"，是个幽静的小天地，刚进门，就发现有一只松鼠闻声而遁——跳到一棵高大的杉树上，飞快地到达树巅。它自知安全有了绝对的保障，就跟它那一家子在枝条上奔走嬉戏，全然不把我这个"可望而不可即"的"大敌"放在眼里。这使我萌发了童心，在树下翘首以望，久久不愿离去。

松鼠赢得了儿童的欢心，这也得力于对松鼠有偏爱的儿童读物。例如，有篇非洲童话叫《松鼠看到了什么？》，它看到小草蛇就叫，让猎人去捉，但猎人不感兴趣。眼镜蛇看到后，以为那儿最安全，把小蛇赶走，谁知松鼠叫过后，猎人觉得眼镜蛇是一顿可口的晚餐，就挥棒结果了它。在这里，松鼠是个可爱的报信者。法国《黎达动物故事集》中有一篇《跳树能手》，作者满怀深情地叙述了一只被猎人打伤的松鼠，从囚笼中逃回自己家中。前苏联的《比安基动物故事选》中也少不了松鼠，在《疯子小松鼠》

可爱的松鼠深受儿童喜爱
图片作者：Mariappan Jawaharlal

里描写了一只勇敢的小松鼠，被狐狸逼上树去，无路可逃时，出乎意料地从树上飞扑狐狸，眼看要自投罗网了，没想到狐狸竟受惊而逃，这真是"旗鼓相当勇者胜，弱能强敌自分明"。

松鼠之害是不容回避的，它们大量啃食松、杉等树木的种子，对森林的更新有一定影响。虽然它在这一点上"犯了错误"，但它能"将功补过"——它有埋藏种子留待以后再吃的习惯，可是常常健忘，这样一来，这些种子到了第二年春天，便长出了树苗，松鼠充当了一次"义务育苗员"。

加拉巴哥兽国传奇

加拉巴哥群岛位于太平洋中部，在南美厄瓜多尔以西。这个群岛以出产世界著名的象龟而驰名。生物学家经常到该群岛去考察研究。

群岛上的动物有一个共同的特点：见到人毫不畏惧，倘若你不伤害它们，就可以跟它们交友。这是因为人在这里出现仅是最近一百多年的事，动物还不知道人的厉害。这儿的鸟敢停落在林中行人的帽上，象龟、海驴、海蜥蜴等大动物见了人也若无其事，毫不慌张。

嘲笑鸟也许是最有趣、最好奇的鸟了。它的模仿本领是惊人的。不管你干什么，它总是注意着，好奇地研究和模仿你的动作，并敢于无礼地乱翻你的东西。有人见到过嘲笑鸟是如何戏弄猫的：它会引诱猫，让它蹑足跟踪很久，但当猫准备扑过来时，嘲笑鸟却立即飞起，调转头来乘机啄一下猫的尾巴。这样重复几次后，猫气得要命，可是它却在一旁自得其乐。

加拉巴哥的信天翁是很著名的，它有漂亮的褐色和白色的羽毛，当人们走近它时，它照例大模大样地置之不理。可是，如果你做一个吓唬它的

加拉巴哥的象龟闻名世界　图片作者：Matthew Field

动作，它就会像穿着大皮鞋的小丑一样迈着方步向前跑去，看了令人喷饭。信天翁决斗的情景很特别，它们用喙来击打，恰似两个击剑运动员在决斗似的。

在巴林顿岛上有一个海驴"集团"，由40个成员组成。要是游泳的人参加进去，它会举止斯文地接待你。但大的雄海驴是不好惹的，当雌海驴或小海驴受到威胁时，

加拉巴哥的海蜥蜴正沿着海滩爬行
图片作者：David Adam Kess

它能在水中疾追敌人，咆哮着一直追到陆地上。海驴的大敌是鲨鱼，它们之间常常发生厮杀。

最后要谈到的是海蜥蜴。每逢涨潮时，它们成群地躺在黑色的岩石上晒太阳，望过去黑压压的一片。它们的面目可憎，皮色深褐，带有绿色和赤褐色的光泽。不过，你别以为它凶狠可怕，其实它性情很温和。当你走过去时，它就频频点头，想以此来吓退你。当它确信这样做无济于事时，就会吃惊地叉开四脚、摇摇摆摆地逃回大石底下的洞里去。如果追上去抓住它的尾巴，它就会拼命地咬你。通常，海蜥蜴被捕后，并不咬人，只是愤怒地摇着头，仿佛在慨叹自己的命运不佳。如果它躲在石头间，你未必能把它拉出来。因为它的锐爪会勾住石块，同时身体会膨胀起来。

海蜥蜴的敌人是陆上的野狗和海中的鲨鱼。

活鱼雷——剑鱼

我们曾听到"鲸鱼把小船掀翻了"的事情，但这种事很少发生。人们不去捕它，它也不会无缘无故地跟人做对。

船只在大洋中航行，最怕的是活的"鱼雷"——剑鱼。你不去惹它，它也

会找上门来。

1944年，有条小渔船在南非沿岸的大洋中捕鱼，忽然有一条大剑鱼疾游而来，"轰"地一声，剑鱼头上的剑贯穿了船身，连人带船跟剑鱼一起沉入水中（这真是飞来横祸）！

第二次世界大战时，一艘英国油船在大西洋上遇到了"活鱼雷"，把油船的外壳刺穿了一个窟窿！剑鱼拔出剑后作第二次攻击，这一次因为用力过猛，剑刺入船舷后竟折断了。结果它被水手们拖上船去，体重足有660千克，身长5米28厘米！比它再大的剑鱼已不可多得了。

剑鱼头顶利剑，能穿透钢皮

兵舰要是碰上了"活鱼雷"，也很危险，曾经在利物浦西南600海里处，一艘英国兵舰的左舷遭到剑鱼的疯狂攻击，水从几处窟窿中涌进来，兵舰也向左方倾斜了，幸好经及时抢救，兵舰没有沉没。

剑鱼那么厉害，与它的游水速度以及头上那把硬剑有关。它每小时能游90千米。这是苏联科学院院士Ａ·Ｈ·克雷洛夫算出来的。他计算的依据是：剑鱼用剑刺穿了穿上包钢皮的厚30厘米的槲木肋骨。

剑鱼不仅攻击船只，还攻击海洋中最大的生物——鲸鱼。它刺死了鲸鱼后，并不去吃它的肉（自有鲨鱼去吃它），它只爱吃小鱼和乌贼。这就使人不解了，它究竟为什么总是爱挑衅寻事呢？这个问题至今仍没有得到令人满意的解释。

爱华斯劫蚁余生记

有人怕虎、怕豹，甚至怕蝎子、怕蜈蚣，可是怕蚂蚁者，却旷古未闻。人的食指一摁，就足以令蚂蚁成为粉齑；即使是"蚁群"也不在话下——脚一踩，一大片！有什么可怕的？

可是，世界上却有这么一件奇闻：德国著名旅行家爱华斯博士有次下榻在墨西哥乡间的一家旅店，晚餐喝完龙舌兰酒后诗兴大发，正欲握笔作赋，耳边却响起一阵鼓噪。他不由得往地下一瞅，只见门缝下开来大队蚂蚁，黑压压的好似一条活动着的地毯。这"地毯"很快便铺满了半个房间，并且大有占领所有空间之势。博士吓出了一身冷汗。随后碗橱后传来几声老鼠的惨叫，他赶紧跳上椅子，蚂蚁却沿着椅脚爬上来了。博士心想：它们是否把我也当成了点心？看来椅子不是个避难所，他立即转移到桌上。但那儿也不是"世外桃源"——劫蚁又沿着桌脚爬上来了。他掏出手帕，把它们拭到黑沉沉的"蚁海"里。使他吃惊的是，在高于桌面的椅背上，那些"强盗"竟组成了手指粗的蚁的"花圈"，往他立足的地方垂挂而下……眼看"花圈"在一圈接一圈地加长，一变而为"倒挂的活云梯"，把"黑衣军"一批批"空降"到桌面上。博士再想拭已经来不及了，他只得跳到近处的洗脸台上，那儿恰好摆着一只铅皮水罐。他如获大赦般地跨进罐中，并拢双脚，活像罐中插着的一支大蜡烛。

劫蚁包围了一只蚱蜢

图片作者：http://en.wikipedia.org/wiki/File:Dorylus.JPG

此时，蚁军已经占领全室，当然，水罐也不例外——它们在罐沿上奔驰着。看来罐中也不是安全地带，他再不弃罐而去，就有被围之虞。要是夺门而逃又必须下地，可是地上的蚁群叠得厚厚的，虽不过半寸高，然立足其间，必将没踵；万一倒于蚁堆，势必被淹没！博士吓得紧闭双目。老鼠的惨叫声不绝于耳；蚁群发出的烂肉般的臭气仍扑鼻而来，使他晕眩欲倒。他睁开眼来，这才发觉1米外的床竟是无蚁世界！好像一个快淹死的人突然找到了一只救生圈，他向前一跃，到了床上，抓住被单，把自己严严实实地包起来。其实，这样做大可不必，因为四只床脚都立在盛满火油的盆子里。

第二天早晨，爱华斯被老年女店主叫醒。他扫视了一下房间：奇怪，一只蚁也不见了，他还以为自己做了个噩梦。询问店主人是否知道昨夜发生的事，店主人乐呵呵地点头说：这可是件求之不得的好事！博士还以为她是在幸灾乐祸，经她解释才知道这群恶蚁把旅店中难以消灭的有害动物——老鼠、跳蚤、虱子、蟑螂、蜈蚣等都已一扫而光，这样她就不必再进行一次劳而无功的大扫除了。

这些蚁是何方神圣，竟然如此厉害？原来，这就是生物世界里鼎鼎大名的劫蚁，热带森林里所向无敌的"霸王"。劫蚁又名"游行蚁"，它们像"吃大户"似的走到哪儿吃到哪儿，没有定居地，这真是罕见。当它们在一处歇下时会相互钩住，形成一个活的大球，中心是女王、孩子及猎获的食物。最妙的是这由蚁组成的"巢"竟然还有通道，可以把食物运进来！有时它们不结成球，而是从树上像帘子似的挂下来——相互间用腿钩挂着，这真是世上少见的休息方式！

到了夜间，"侦察员"外出侦察，一旦发现有吸引力的食物，便立即回来通报。于是全"军"出动，排成宽达5米的横队，啸聚10万~15万大众，浩浩荡荡地踏上讨伐的征途。队伍前面及两侧配备着个儿较大的大颚兵蚁，它们是威风凛凛的"卫队"，保护着队伍中的大批工蚁。有人见了，以为这是有意的安排，其实这是偶然形成的：原先这些兵蚁在工蚁中行进，工蚁姐妹生得弱小，老是在它们的腹下腿间挤来挤去，结果恰好把孔武有力的兵蚁挤到了易于发起攻击的前头及两侧的位置上去了。

劫蚁"大军"横冲直撞的行军往往持续十几天，一路上几乎一切避之不及的动物都要在其包围下丧生（所以人们也叫它"狩猎蚁"）。如果发现了一只被拴住的羊，"大军"一拥而上，用不了多少时间就把羊"围攻"得只剩一副骨骼。睡熟的大蟒如被围住，在"大军"的轮番进攻下，竟也会丧生！

劫蚁　图片作者：April Nobile and www.antweb.org

求生之绝技篇

　　所有动物来到这个世界，都想保全自己的生命。所以，一旦遇到危险，任何动物都会本能地逃避；如果逃不了，就冒险反抗一下。鼩鼱是一种小型哺乳动物，外观像小老鼠，体重还不到 20 克。别看它是小不点儿，一旦逃脱不了，它就会毫不留情地向重达 100 多克的田鼠发起攻击——咬住对方喉咙，把它拖进洞去。鸭子碰上狐狸时，鸭子会装死——伸长脖子，翻着白眼，整整十分钟也不动弹。还有更高明的装死术：美洲的负鼠遇上天敌，先是"咝咝"地叫，想吓退对方，如吓不退就倒地伸出舌头，闭上眼睛，甚至心脏停止跳动，四肢僵硬。墨西哥沙漠中有一种"妖魔"——长不过十几厘米的角蟾，它身上虽有密密麻麻的锐刺，但不足以对付比它大得多的敌害，于是它使出绝招——从眼睛里喷出一股鲜血，在对方怔住时逃之夭夭。

野水牛的报复

美国作家约翰·根室在《非洲内幕》中谈到野水牛，说它在"生牛瘟或其他病时特别野蛮，要伏击人"。这里应该补充的是：野水牛在被人击伤后更加凶狠，还要复仇，有一股不达目的誓不罢休的拼劲！

在非洲的肯尼亚有个土尔坎族的居民叫阿别亚，他曾为一位叫亨特的猎人当侦查员，学会了用枪狩猎。亨特一再告诫他切不可一人出猎，可是他自以为枪法不错不听劝告，并且说："土尔坎人总是单独打猎的。"此后，亨特接连五天没有见到那位自信的侦查员，便组织了一个搜寻小组，结果在上坡的一棵大树旁找到了他的残骸。看来，喜食尸体的鬣狗和猛禽已经光顾过了，因为他身上的肉被吃去了不少。奇怪的是，他有几根肋骨断裂了，好像是用棍子打断的，而且两根肋骨上有一道长长的斜割痕，好像是用矛刺的。阿别亚是带枪出去的，可是身边却没有枪和子弹，而野兽不可能把枪带走。据此判断，阿别亚很可能是被人谋杀的——这一地区恰好有强盗出没。亨特向警察局报了案，局里的侦探立即前来踏勘，侦探注意到现场没有任何与猛兽搏斗的迹象，也没有野兽的脚印。侦探是个细心人，他要大家再仔细查看一下

野水牛群　图片作者：Jerry Friedman

附近的灌木丛，以便弄清阿别亚之死是否还有别的原因。两小时后，一位居民发现了一头野水牛的尸体。亨特赶到那儿一看，地上黑压压的一片尽是蚂蚁，它们正在享受着美餐。原来那是非洲所向无敌的食肉游蚁（也叫劫蚁或军蚁，它们会集合成"大军"捕杀大蟒）。小

组里的人削了根长长的棍子，去翻动野水牛的尸体，发现尸体一根肋骨上有个小洞。为了弄清真相，亨特设法弄到了这根肋骨。他量了一下小洞的直径——8毫米，恰好是阿别亚猎枪子弹的直径。这就很清楚了，阿别亚的死和野水牛有关！

后来，根据地上带有胃液的血液、散落的枪和子弹、一根倒木丫权上的血等，可以作出如下推断。

阿别亚埋伏在灌木丛中，一头野水牛恰好在他面前经过，他开了一枪，正中胃部。野水牛带伤逃走，阿别亚紧追不舍。可是后来野水牛逃出了阿别亚的视力范围，阿别亚只得循着血迹去找。正当他低头寻找血迹时，野水牛兜了个圈子，来到阿别亚的身后！野水牛杀气腾腾地猛冲过来，阿别亚闻声转身开了一枪。牛虽中弹，但并没倒毙。他正在装子弹时，牛猛扑上来，把他撞飞了——阿别亚太不走运了，地上有根倒木，木上有一丫权，丫权头是尖的，他掉下来时刚好落在叉尖上——既撞断了肋骨，也划开了胸膛！阿别亚受此致命伤后仍向前爬去，一路上子弹零零落落地掉出来，终于在一棵大树下断了气。野水牛报仇之后也身亡了。

由此可见，野水牛复仇和凶狠好斗的习性达到了何等程度，也说明猎人单枪匹马猎野水牛是何等的危险！

野水牛的角是它们的"武器"之一
图片作者：JerryFriedman

妙趣横生话斗鱼

斗鱼生长在贵州省三都水族自治县、榕江县一带的沟渠中，它个头儿不大。它那紧密坚硬，并有规则地红蓝两色相间横条斑的鳞片，就像一副色彩斑斓的盔甲。

斗鱼的嘴坚硬有力，尾巴非常美丽，长度约为整个身长的三分之一，人们称之为"丝线尾"。尾巴是它的"作战武器"，决斗前它张开尾巴鼓起阵阵水波冲击对手，或用尾巴拍击对手。

斗鱼的性情十分凶猛（特别是雄性），它们会主动向其他鱼类和同类发起攻击，一些个体比它们略大的鱼类往往被打得丢盔弃甲、狼狈而逃。如果两条雄鱼相遇，不用第三方发号施令，它们便会相斗起来，胜者常常是穷追不舍，逼得败者走投无路。

由于轻盈娇羞的斗鱼打起架来十分英勇顽强，因而"坐山观鱼斗"别有一番情趣。每当农闲季节，当地居民便用斗蟋蟀的办法，把斗鱼单独养在避光的鱼缸里。比赛开始时，只见双方摆开架式，张鳍鼓鳃，向对方猛扑过去，你咬我的头，我咬你的鳃，或互相以头撞击，用尾相击，时而上下追逐，时而左右翻滚。刹那间，鱼缸水花四溅，令人眼花缭乱。几个回合之后，双方渐渐感到疲惫，各自把头探出水面吸氧。接着继续激斗，如此反复，引来众多围观者的阵阵喝彩声，说来也奇怪，斗鱼经过激战，体色会由红蓝变为紫色，接着又变为浅黑色。更为有趣的是，假如主人拿来一面镜子放在透明的鱼缸外围，这家伙会以为又遇上了敌手，于是立即拼命地向镜中的投影"冲刺"，结果以它"头破血流"而告终。

斗鱼性情凶猛，会主动发起攻击

图片作者：Andrew Bogott

我爱猫头鹰

　　"睁一只眼，闭一只眼"的处世哲学并不讨人喜欢，但我们一看到猫头鹰这么做，却感到好笑而有趣。画家黄永玉喜欢画眼开眼闭的猫头鹰，张三认为这是幽默，李四觉得那是嘲讽……似乎猫头鹰的妙处就在于此，人们早把它的凶相忘得一干二净了。

　　我对猫头鹰从不怀有恶意：铜铃大眼有何可怕？人类不是以大眼为美吗？它的眼睛虽然大得过了头，但比起一线天的小眼睛精神得多。我看过一张图片，那是古雅典硬币，上面铸着猫头鹰，两只大眼几乎占满整个头部。这种夸张的表现手法倒是恰如其分的——一眼就让人认识到那不是别的鸟，那是猫头鹰。古希腊有句俗语叫"聪明的老猫头鹰"，我看它那炯炯有神的眼光中正透露着洞察一切的智慧——在黑夜中干尽坏事的鼠类是逃不过它的眼睛的。鲁迅先生年轻时曾在笔记本上画过猫头鹰，从猫头鹰那锐利的目光中不难看出鲁迅以物言志，表示对旧社会的憎恨。

　　猫头鹰耸起的耳羽，被有些人说成是"双角妖怪"。猫头鹰的"耳朵"是耳形的羽毛，就好像孔雀，它那五彩缤纷的"尾巴"其实是尾羽而已。

　　平直的脸如配上一张鹤嘴，简直成了木偶匹诺曹，滑稽透顶！猫头鹰平直的脸配上带弧线的鹰喙，倒是般配的。何况，要想撕开鼠皮，非此形状不可。物尽其用才妙。

　　澳大利亚有一种笑鸟，它在准备捕捉毒蛇时会发出"哈哈"的鸣叫声。那是一种自信必胜之"笑"。猫头鹰的似哭非哭、似笑非笑的啼声会使一切鼠辈闻声丧胆。所以，

猫头鹰飞行时悄无声息

古时候人们做的猫头鹰艺术品

人类不必因此而责怪它扰人好梦，毕竟它在为我们翦除"蟊贼"。我们应该为自己对它的憎恶之情而感到内疚。

猫头鹰身怀绝技，以飞行为例，由于它的羽毛极其柔软，可以做到扇翅而无声，堪称"无声飞将军"。

1983 年的冬天，河南商丘市内及郊区出现了上千只猫头鹰，因为这里的鼠灾比较严重，它们正是觅食而来的。猫头鹰本是有功之"臣"，没想到立了功却受到歧视，可见人们对猫头鹰的看法还须进一步端正。

在日本电视连续剧《阿信》中，纯朴善良的阿信出于内疚，赠予加代小姐一只手制的猫头鹰。猫头鹰竟然能作为礼物送人，可见在日本人的心目中，它绝不是凶鸟。这使我想起鲁迅先生的一首打油诗《我的失恋》，其中有"爱人赠我百蝶巾/回她什么：猫头鹰"之句，猫头鹰在此也是礼物，是在赞美田园卫士除恶务尽的精神。

与狡蚊周旋

尽管有纱窗、纱门挡驾，蚊子仍然无孔不入。我启纱门后闪身而入，自以为动作敏捷，可还是瞥见它跟随而来，待我赶紧闭门，它已成了室内蚊子"大军"的一员。真钦佩它的耐心与机灵：为了"觅食"在门外苦苦等候，一有机会便矫健地闯入"供食"乐园。

只有那些善于跟人周旋和防卫有术的蚊子才能更好地生存下去。以前蚊子飞来叮人，速度还不快，人们可以根据它的飞行路线做出判断，一拍致命。眼下它来得突然，让你猝不及防，且飞行路线飘忽不定，常使你的击掌只是听声而已。它叮在你身上，别以为它是送上门来的死鬼，你一掌下去，在快要触及它时，那掌风已通报了危险的临近，使它得以及时逃脱。想想也好笑，我们在挤车时被人碰一下也

人和蚊的斗争已经持续了千万年

会瞪起眼睛，甚至口出怨言，可在拍蚊时噼噼啪啪地挨打，却一点火气也打不出来。蚊呀蚊，你能使智慧的生灵做出如此可笑的傻事——不但往腿上、臂上猛击，有时甚至狠扇自己耳光哩！我裸着双腿，口里念念有词："蚊子蚊子快快来！"我有意"献血"，为诱使它们降落下来，以便逐个击杀，谁知它们降落的地点不在腿的正面与两侧，而是在不易下手的腿肚子上！

清晨及傍晚是蚊子往外飞的时间，那扇通向院子的纱门是它们的"空中走廊"，当然纱门后的铁门是开着的，它们想飞出去，但是受纱门之阻，多停在纱门的下方，入夏以来，我每日两次到那儿去灭蚊，用的是手掌合击法，久击之后必有长进，如合击之后千万别立即松开，因为合得不紧密，蚊子能在掌隙幸存，你一开掌，它就飞走，所以在合击后要搓几下。

按理说，睡时室内有蚊香，何惧蚊来，可是现在床下燃着蚊香，蚊子依然偷袭不止，再用上电热蚊香片，两面夹攻，可是蚊子太多，甲蚊失去战斗力，乙蚊却依然斗志旺盛……入夏以来，人们便难有安睡之日，眼看自己身上处处红点，在百般无奈之下决心买来尼龙蚊帐，往里一钻，但见隔帐

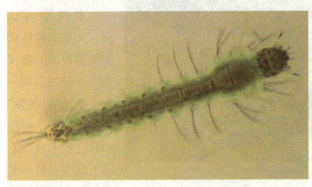

蚊子的幼虫孑孓

停着不少蚊子，我面对它们十分得意——从此，你们再猖狂，也无法吸我身上一滴血了！

以假乱真的墨弹

章鱼、墨鱼等头足类软体动物有一奇特的自卫本领——放"墨弹"和"烟幕弹"。请注意：我这里用的是两个词，而不是统称"墨弹"。

一般说来，章鱼和墨鱼喷出的墨汁会马上扩散。它们利用敌人吃惊愕然的一刹那，混在烟幕中逃走。这种现象，我们称之为"烟幕弹"。但是，也有这样的章鱼和墨鱼，它们放出的墨汁并不马上扩散开，还会形成自己的形状，以假乱真，诱使敌人上当。这种现象，我们称之为"墨弹"。

有人曾经观察到这样的情形：一头鲨鱼遇上一群墨鱼，后者同时放出"墨弹"，就像从鱼雷艇上放出鱼雷一般，结果使鲨鱼忙得不亦乐乎——东窜西突地去咬，到头来却是竹篮打水一场空。

某动物学家做过一个有趣的试验：把墨鱼放进大桶，用手去捉，当他的手指快要触到墨鱼时，这只墨鱼突然体色变黑，一动不动。下手一抓住，结果却抓了一个空——手里只有墨汁！这就是墨鱼变的"戏法"。

软体动物墨鱼会发射"墨弹"
图片作者：Beckmannjan

有些学者认为，头足类软体动物根据放出的墨汁类型可分为两类：一类墨汁是"墨弹"型的——在水中模拟自己的形状，不马上散开；另一类墨汁是"烟幕弹"

型的，在水中会很快散开。

苏联著名动物学家伊·阿基穆什金对这一现象有自己的见解：这一类动物其实每一种都有两种放"弹"的本领，这要看它处在怎样的情况下，才选用其中一种。所有各种墨鱼与某种章鱼，漏斗管中都有一活瓣，如需放"墨弹"，活瓣就离开管壁，不去阻碍；如需放"烟幕弹"，活瓣就紧贴去阻碍一下，使墨汁散开。这些说法到底哪一个正确，现在仍在研究中。

章鱼和墨鱼的弹——墨汁——盛在一只墨囊中。囊很结实，分上下两部分：上面存墨汁，下面是分泌腺。腺细胞内包含黑色染料颗粒；当老细胞逐渐解体时溶化成墨汁，进入上面"仓库"备用。要用时可以通过漏斗管喷出去。

墨囊中的墨汁通常可以连续喷六次。喷后半小时墨囊内又会储满墨汁。墨汁中含着有机染料，所以染色能力很强。有人试验过，墨鱼在 5 秒钟内可用墨汁把罐内 5 500 升水染黑。大墨鱼的本领就更不同凡响了，它喷出的墨汁能使100 米内的海水变黑！

树上"懒汉"

动物睡态各异，但像树懒般吊着睡的却难得一见，因为它本身就像吊床！它睡眠时，四肢上的长爪（二趾树懒前肢两趾，后肢三趾；三趾树懒前后肢皆三趾）会钩在枝上，完全不用担心它会掉下来，因为即使它被猎人击中，也依然会维持原状。树懒一旦紧握树枝，便很难使它松爪。对死后的树懒，得往上举，或干脆锯下树枝，一起带走。

澳大利亚的树袋熊以树为家，以树为生，树懒也不例外。它一到地上便会东倒西歪，因为长爪，以及长期过着背倒转的生活，使它失去了平衡能力。所以它除了到树根处拉屎外，几乎不下地——既然树上已有取之不尽的"粮食"（三趾树懒以桑科植物喇叭树的叶子为生，这种树叶水分充足，所以一生都不必喝水），下树也是多此一举。

可以这么说，树懒最不"看重"的东西，不是别的，恰恰是人类视为至宝的时间。乌龟的磨蹭劲儿是出名的，它爬行的时速为 0.27 千米；但树懒的行走速度更慢，时速仅为 0.109 ～ 0.158 千米！有位欧洲科学家曾将一只盘子放在它的头上，到了第二天，它依然顶着盘子！这说明它对一切都不在乎，也说明它懒得一动。

南美的吼猴脖子上会出现白斑，那是马蝇在那儿产的卵，但绿藻是不可能在吼猴身上扎根的。绿藻却选中了二趾树懒，雨林的温度和湿度，加上树懒粗密的毛，以及25℃的体温，是绿藻繁殖的良好基地。二趾树懒穿上这件绿色翻毛"大衣"后，能使自己"溶化"在绿叶间，即使鹰类的锐眼也难以发现它。树懒从远古时代一直活到现在，说明它很能适应环境。例如，它常常一连数天吊在一处，不思移步，这样耗能极少，即使一个月断粮也过得去。它又能忍受其他哺乳动物无法忍受的创痛，你用棍子捣它一下，除了发出轻微的叫声外，它不会有任何反应；即使被猎狗咬伤了，它也泰然自若。

树懒一直抱着树枝，几乎不会离开树木

出乎意料的是，在地上连爬行也颇觉不便的树懒，一旦枝断落水，居然不会淹死，一方面得力于它有一定浮力的身子，另一方面它确能游泳，只不过游得很慢很慢罢了。有人做过实验，它可在水里待上半小时而不致溺毙。

树懒的祖先叫大地懒，是生活在地上的，在约一百万年前，还能见到这种大象般的庞然大物——它体重足有4.5吨，体长约6米！这跟体长仅半米的后代相比，简直不可思议！

鸟鼠同穴

我国最早解释词义的专著《尔雅》，曾有这样的记述："鸟鼠同穴，其鸟为鵌，其鼠为鼵"。此后，人们对于"鸟鼠同穴"有着两种截然不同的意见：一种认为这是自然界存在的奇特现象，另一种则认为这种现象根本就不存在。这个自然之谜从古争论至今，尚未有人能揭开谜底。

某考察队曾赴青海考察野生动物，时值五月，在天峻地区可以看到草地和山坡上到处是大大小小的洞穴，有的洞被旱獭占据着，也有的为鸟类所利用。例如，山坡裸露的石头旁，一般是雪鸡和岩鸽的栖息与营巢地；草地上的洞往往是地鸦和百灵鸟的栖息与繁殖地，公路和村屋边则是麻雀繁殖营巢的洞。为了弄清鸟鼠是否同穴，队员们通过惊吓驱使里面的"居民"出洞，有时干脆挖开洞看个究竟。结果发现，在同一个洞穴内，并非既居住兽类也居住鸟类。偶尔虽然也可以观察到鼠兔（一种啮齿类动物）在受惊时会临时窜入鸟营巢的洞穴去避难，不过，鸟兽共居一室的时间并不长，总有一方会很快出洞逃跑。否认鸟鼠同穴存在的人还认为：经考察发现，穴居的鼠类有黄鼠、田鼠等，在穴中营巢的鸟类有地雀、麻雀、地鸦、云雀、百灵和各种雪雀等，就其生活习性而言，它们是没法住在一起的。鸟类虽然有时也住在鼠穴中，但这些鼠穴都是一些废洞，或者是跟鼠洞有隔离的洞穴。因此，鸟和鼠并没真正同穴，更不会发生什么"共生"关系。

持肯定意见的人则认为：早在晋代，文学家、训诂学家郭璞就曾撰文认为这种现象在甘肃等西域地区可以见到。清代方观承于雍正年间出

田鼠是我国常见的老鼠
图片作者：Soebe; Fashionslide

鼠兔受惊时偶尔会闯入鸟巢。图片作者：Dcrjsr

征新疆准噶尔，途中也曾见到过鸟鼠同穴。他在《从军杂记》中写道——"鸟鼠同穴，科布多河以东遍地有之。方午，鼠蹲穴口，鸟立鼠背。蒙古人谓雀为鼠之甥。"苏联的鸟类学家在1933年以后，也陆续报道了在苏联和蒙古境内荒原上有鸟鼠同穴现象，并描述了它们共出一穴，鸟在鼠背上啄食寄生虫，一旦出现险情，鸟类会凌空高叫，鼠类闻警则立即钻入洞穴，因而鸟鼠之间有着互利关系。还有人做过这样的报道：在新疆和青藏高原等地的草原上，也常见到鸟类在鼠洞中进出，一旦发现有人接近这一地区，鸟类会立即惊叫飞走，黄鼠和旱獭等随即一溜烟地钻入洞内。所以不论是鸟类占据已废弃的洞穴，还是占据着鼠洞穴道中的一个分支，鸟占鼠穴繁殖这个事实是确定无疑的。持这种看法者还认为，否认鸟鼠同穴的人所观察的洞穴数实在太少了。对于这样一个古今中外有着极为丰富和生动记载的现象，贸然否定显然是不对的。

著名动物学家孔宪璋和黄祝坚在《祖国的珍禽》一书中也谈到，鸟鼠同穴的现象还有待进一步观察。据近年的考察报道，人们只见鸟类惊飞能使鼠类逃匿，还没见到古人所说的"鸟立鼠背""鼠奔而鸟不坠"的现象。

看来，只要有人对这一有趣的现象作深入的观察与研究，总有一天会把这个谜解开的。

蜗牛的脾性

以前，我在晒台上筑了个微型百草园，种着不少药草。到了休息天，我常到郊外采药草。有一次，我看到了蜗牛，回忆起儿时逗引它的乐趣，便顺手牵羊地带了几只回来，放养"园"中。一年后，"园"中的药草面目全非——残茎败叶与日俱增！用不着我追缉"凶犯"，老蜗牛的后代一个个"自报家门"了。原先我对它的亲切感顿时转化为厌恶感，于是，我每见一只蜗牛非要踏它个稀巴烂方能解恨。

但是，这种背着屋子的软体动物的构造与习性，使我颇感兴趣。瞧，蜗牛的食法像菜擦子擦萝卜似的，"刨"食——那是它的取食器官决定了的。它的万余只"牙齿"长在舌头上，因而称为齿舌；被它刨过的叶子总是只剩脉络的。"舌上长牙"之说有点耸人听闻，其实蜗牛舌上长的是角质钩。

蜗牛背着自己的"房子"缓缓前行
图片作者：Zachi Evenor

乌龟和兔子赛跑的故事众所周知。倘若乌龟和蜗牛赛跑的话，蜗牛远非乌龟的对手。西班牙的罗洛兰阿市郊区举行过一次蜗牛比赛，有八个国家参加，有 75 只蜗牛一起出发。西班牙的"快跑能手"彼彼获得冠军，它在 5 分钟内跑完了 120 厘米距离。那就是说，我们走 14 大步，就够它拼命地爬上一个小时哩！

蛞蝓跟蜗牛长得很像，但它没有"房子"
图片作者：Jankowski Krzysztof

有人常把无壳的如蛞蝓（俗名鼻涕虫）和有壳的蜗牛混为一谈。李时珍解释得一清二楚："盖一类二种，如蛤蟆与蛙。"蜗牛可被列为"特等住房困难户"，但比起赤条条的蛞蝓来，还算有个栖身之所。由于蜗"舍"小得仅能容身，所以三国时焦谦称自己的居处为"蜗庐"。宋朝大诗人陆游曾做过一首《蜗庐》诗，诗中有这样两句：

"小茸蜗庐便著家，槿篱莎径任欹斜。"现代文人也喜称自己的陋居或为蜗舍，或为蜗居，或为蜗楼的，如老作家萧军在迁入新居前，有一间微型书房，名曰"蜗蜗居"。必须声明一下，他的小小书房竟是一只壁橱改造而成！

蜗牛的脾性看来很难改变了：不论时代的脚步迈得有多快，它依然安步当车，我行我素；不论世上发生什么，只要不打破它的壳，它总是把头缩进，两耳塞豆。自以为此乃上策。

蜗牛的脾性如何评说？明白人心里自有公论。

观蛛·养蛛·斗蛛

杜宣是上海剧作家，曾受迫害被关进牢房，室内仅草垫一张，孤独感使他对墙缝中的一小红蜘蛛爱护备至。他常观察小蜘蛛，一次，他看到它用蛛丝缠蚊子，"这真是令人惊心动魄的一场袭击啊！"（摘自《狱中生态》）

蜘蛛原在室中，并非作家豢养。可以这么说，把蜘蛛作为宠物养实为罕见——但养者还是有的。

日本东京都日野市有位退休教授叫水泉佳用信，他养了几百只蜘蛛，共30种。它们在屋周围自由活动，随意织网。有时主人睡了，它们会在他脸上"散步"。他在孩提时代已养蜘蛛。一次，他根据蜘蛛把自己搜集到的蝴蝶全咬死的事例

蜘蛛的网　图片作者：Gnissah

写了篇作文《蜘蛛——杀手》，受到老师表扬，导致以后他开始认真研究蜘蛛。例如，他发现生活在休立地区的蜘蛛专吃蟑螂，便大量饲养，希望培育出一种蟑螂的天敌。

另一位蜘蛛迷是比利时布鲁塞尔的米歇尔·佛朗索瓦，他在住

房顶楼养了许多蜘蛛，观察蛛网的各种形态，把它们拍成照片。他在文献中得知法国国王路易十五命人在马达加斯加岛开设作坊，将一种叫"尼菲拉"的非洲大蜘蛛的丝织成线，进行编织。国王有件用蛛丝织成的背心，属世界珍品。他决定将蛛丝应用于纺织业，这一设想得到了花毡协会会长的赞赏。他还发现音乐能改变蜘蛛食物取向，刺激产丝腺。

在我国古代，也有人养蜘蛛，不过目的不为科学研究，而是为了自娱，明代袁宏道的《瓶花斋集》记叙了龚散木创造的一种蜘蛛游戏："散木少与余同馆，每春和时，觅小蛛脚稍长者，人各数枚，养之窗间，较胜负为乐。"龚散木所觅的蜘蛛皆为雌性，要它斗，只要取来蜘蛛子，黏在窗间纸上，所养的蜘蛛见了，以为自己所产，便爱护有加。这时别的雌蜘蛛过来，母蛛以为其来夺子，会极力抵御。最初"以足相挡"，几个回合下来，"猛气愈厉，怒爪狞狞，不复见身"。战斗结束，胜者吐丝缠敌，将败者缠死为止。龚散木认为黛黑者为上，灰者为次，杂色者为下。捕来的蜘蛛皆有佳名，如玄虎、鹰爪、喜娘和小铁嘴等。

装死——动物的逃命术

动物为求生存，在强敌前必须有一套逃命的办法。

壁虎用的是断尾术，即被敌害抓住尾巴时，可丢卒保帅，溜之大吉；竹节虫使用拟态术，即敌害一到，它往竹子上伏着不动，看上去活像是竹子；岩羊用掩护术，即凭借身体颜色与山岩颜色相似，在敌害临近时呆立不动，则很难被发现。

在众多的逃生术中还有一种，那就是装死术。

我们知道，狗熊追袭人时，人会躺下装死——因为狗熊不吃死人。没想到动物也会装死，且装得很像。

鸭子看去傻乎乎的，但它遇到狐狸时，会装死。美国生态学家萨金特和埃伯哈特在狐狸窝的周围筑了个露天栅栏，关进去一些鸭子，然后日夜观察着。他们看到狐狸来捕鸭，鸭子拼命逃跑，其中一只鸭子被提住后一动也不动，伸长脖子，翻着白眼，翅膀紧贴身子。它就这样装死20秒钟到10分钟。

负鼠是美洲的有袋动物，个体大小与兔子相仿，会把幼鼠驮在背上，让幼鼠的尾巴挽住自己的尾巴。它的装死本领高超：初遇天敌时会发出"呲呲"声表示反抗；逃脱不了时才卧地装死——伸出舌头，闭上眼睛，甚至心脏也停止跳动，四肢僵硬。此时，如把它的趾尖弄弯或触动眼珠，它一点反应也没有。直到敌害失望地离去，它才迅速地爬起来逃走。据研究，负鼠被敌害紧追时，有一种麻痹物质进入大脑，使其失去知觉。这种现象叫"冻结"，其他动物也有类似情况，如老鼠。甚至人类也有——当人快被车辆碰撞时，会变得呆若木鸡，显然，也有一种麻痹物质进入人大脑。

当然装死也未必能逃过厄运，因为人们从郊狼的胃中就发现过负鼠。

动物的积谷防饥

"积谷防饥"这个成语说的是人类有贮粮防饥馑的做法。动物是否有类似的能力呢？应该说，某些动物在这方面也相当高明。

曾有报道说，一只金钱豹一下子咬死 17 只山羊，然后陈尸而去。这种不吃而离去的现象叫"杀过行为"。究其原因，有可能是出于动物残忍的本性，也有可能是受害动物的惊吓和逃窜刺激了它。猞猁闯入羊圈，往往也是一下子咬死一批。从另一个角度考察，"杀过行为"也可能是"积谷防饥"的一种手段，只是施用不当而已。通常，豹猎到一头羚羊后，如果吃不完，就会把它拖到树上，存放于树杈上，既可留待日后食用，又可防止别的野兽偷食。

北极熊会把吃剩的肉贮存在冰地或积雪

豹会把猎物拖上树，防止其他动物偷食
图片作者：Raphael Melnick

中的"冷藏库"中，由于海豹是其美食，所以北极熊多贮存这种动物。北极狐是北极熊的"跟班"，它看中的就是北极熊吃剩的海豹肉。北极狐对付不了海豹，于是北极熊的残剩食物便成了它的美食。它一下子也是吃不完，剩下的它还会埋起来。

生活在黑暗地下的鼹鼠是著名的"贮粮家"

图片作者：Didier Descouens

北美落基山有一种兔鼠，有人称之为"造干草者"，因为它会采集较多的草，并将草放在阳光下晒干，然后把它们整齐地堆起来，像农民堆干草似的。这就是兔鼠的粮食，它在饥饿时可取食。

鼹鼠是著名的"贮粮家"。它生活于地下，虽终年黑暗无光却不妨碍它觅食——它依赖灵敏的嗅觉去发现猎食对象，如蚯蚓。它很容易获得众多的蚯蚓，吃不了的就在蚯蚓头上轻咬一口，这一口不会致命，却能使之失去蠕动能力。于是鼹鼠把蚯蚓一条条地放在自己的"仓库"内，肚子饿了就去吃，每回都能吃到生猛鲜活的食品。

黄鼠狼并不只是吃鸡。解剖它们的胃，见到的多是鼠类、蛙类，偶尔才有鸡，约占总食量的二千分之一。一只黄鼠狼年平均灭鼠可达千只，跟猫头鹰的灭鼠数相近。它们也善于"贮活货"。入冬前，它把田鼠抓来，咬断腿，还找些田鼠爱吃之食，使田鼠不至于饿死。这些鼠好死不如赖活，会苟延残喘地活下去。这并不是黄鼠狼大发慈悲，而是为了入冬后食物难找，可以去自己的"粮仓"中吃活货。

两栖类中的"巨人"

娃娃鱼学名大鲵，属两栖纲，但时至今日仍有人著文只着眼于"鱼"上，以为是鱼类，如果有"鱼"字则归入鱼类，那么作为生活于书本间的衣鱼也该高升至鱼类了。

娃娃鱼这一名称很形象化，李时珍说它"声如小儿"，故名"鲵"。娃娃即小儿，比"鲵"字更易读、易懂。

娃娃鱼大口小眼，体肥尾长，却又四肢短小；它行动缓慢却又桀骜不驯；它有巨口，却叫声尖细。它遇到强敌时会用反胃法，抛出胃中残食，引诱对方吃残食，自己则以此脱身；或是从颈部分泌黏性很强的液体，使对方难以下口。在国外，中世纪时它被视为怪物，被冠上可怕的"火蛇"之名，相传它能避灾防火，甚至咬人至死；它神通广大，能翻山越岭，凶悍无比。在我国，京剧《打渔杀家》中有"卖怪鱼龟山起祸"一节，所谓"怪鱼"，其实就是娃娃鱼。

看似笨拙的娃娃鱼已有 4 亿年的历史，它之所以能历经沧桑巨变而生存下来，必有其独特的应变手段，即对付敌害的有效方法。它拒敌时除上述"反胃法"和"分泌法"外，尚有一法，即张开血盆大口，摆出决一死战的架势，是谓"恐吓法"。御敌的招数多样化是动物为求生存而发展的结果。

然而它遇上"两脚动物"就凶多吉少了！有些不法之徒为了满足一些人吃野味的口腹之欲，不顾野生动物保护法，把属于二级保护动物的娃娃鱼偷捕了去贩卖，尽管这种行为受到了舆论的谴责和有关部门的处罚；但偷捕者还是不少。

娃娃鱼四肢短小，尾巴很长
图片作者：J. Patrick Fischer

娃娃鱼在水中轻盈自如，它喜欢吃溪中的石蟹，为了吃到石蟹就把分泌黏液的尾巴伸入石缝，引诱石蟹用双螯夹钳，它施展回身术，猛扑过去，把石蟹吃掉。

海洋中的凿岩能手——海笋

　　在塘沽新港的防波堤上，人们发现了许多蜂窝状的小孔。这是谁干的坏事？谁有本领来钻凿岩石呢？说出来你也许会感到出乎意料——凿石者是一种名叫海笋的软体动物

　　软体动物我们见过不少，它们的身子是那么柔软，跟面团似的，但它们多数还是有"骨头"的。例如，墨鱼的"骨头"长在体内；蛤蚌的"骨头"像两扇门，合拢以后可以保护自己娇嫩的身子；田螺的"骨头"就像一幢小房子，没门，但有一对角质的厣（即壳盖）长在足的后部，像单扇的门，一有危险，它就缩回身子，把门关上了。

　　长卵形的软体动物海笋属于瓣鳃类，它跟河蚌一样，也有两片壳。不过这两片壳并不全部合拢，在前端还留了个豁口，那儿长着些齿纹，很像石油钻杆上的钻头。在豁口处会伸出一条管子来，它伸足时，与外壳一样长，看上去仿佛一棵笋。你仔细观察这条奇特的管子，会发现它是复合的：一条起着口的作用，叫入水管，专门吸入新鲜海水和食料；另一条起着肛门的作用，叫排水管，专门排出粪便。

　　海笋的幼虫在海水里自由自在地游泳，过了一段逍遥生活之后，它们就开始寻找终生的归宿了。它们没有选择浓密的藻林和柔软的沙滩，却相中了坚硬的岩石，以此作为自己终身的栖所。它们一点点地钻进岩石，随着年龄的增长，便越来越深地进到里面去了。

　　穿山甲在泥土里打洞，用的是强有力的前肢，那儿长着坚硬得像铁锹似的爪子。可是海笋软绵绵的，它靠什么凿石呢？上面讲到了它外壳前端的"钻头"，就是它的

海笋能把砂岩钻出一个个小洞

图片作者：Michael C. Rygel

凿石工具。你看，海笋将足紧紧地吸附在岩石上，然后使"钻头"旋转起来。它是很有耐心的，日日月月，持之以恒，岩石被一点一点锉了下来，这使人联想起"铁杵成针"这句成语。可以说，这小小的软体动物是依靠了足和齿的配合，加上坚持不懈的耐力才完成了凿石工作。

不过值得一提的是，海笋的钻凿对象是岩石中的"软骨头"——石灰石，如果它遇上花岗岩就只好望"石"兴叹了。由此我们可以想到，海港的防波堤最好用花岗岩来砌造。

囤积的本领

松鼠的颊囊里可以装许多松子，它就用这样的"小篮子"把粮食带到树洞里藏起来。有时它竟然把圆圆的小石子也带了回来，因为在它看来，那东西也是果实。狐狸抓到野兔后，如果不吃，就会在地上挖个坑，把野兔埋掉。等到没有吃的时候，它就前来取食——它是不会忘记这个地点的。

美洲狮也会把吃剩的食物埋起来。只要肚子饿了，它就会回来把食物挖出来，将吃剩的食物再埋好，这样吃吃埋埋，有时多达十次。

瑞典的星鸟会把榛子堆藏起来准备过冬，用苔藓把这些榛子掩盖起来，即使被积雪盖住，它也能找到榛子。豹会把咬死的羚羊拖到树上。为什么呢？因为这样一来，不会爬树的鬣狗就吃不到了。有时羚羊的肉已经烂了，但豹还是要吃的。

美洲狮会把吃剩的食物埋起来

田蚁会将谷粒拖到自己的巢中，如果谷粒发芽了，它就赶快把"仓库"密封起来——缺少了氧气，谷粒就不容易发芽了。有时为了避免谷粒在潮湿的"仓库"中发霉，它会把谷粒搬出去晒干。

很多动物都有囤积的本领，这是它们的本能，这种

本能对它们的生存是有好处的——食物储存起来，它们就不会挨饿了。

八足"鬼精灵"

　　章鱼是头足类软体动物，它不同于墨鱼（它仅有八足，故名"八爪鱼"）。墨鱼有十足，足长在头上。章鱼的足也叫腕手，因为能当手使，章鱼的腕手功能很多——既能爬，又能筑窝，既会揭开贝类的壳，又会在睡觉时担任警戒。难怪它比墨鱼聪明——墨鱼的足只适宜游泳与攫食。

　　有只叫"麦菲"的章鱼，人们对它进行了有趣的智力测试：给它许多碎玻璃与石子，它便勤奋筑窝，筑成的"水晶宫"，它自以为隐秘，测试者却一目了然，如同安徒生童话《国王的新衣》。

　　取一只装着蟹的玻璃筒，把章鱼放进去。它先是伸出足来触摸，然后收足攫食，"砰"地撞在筒上，什么也没得到。它恼火了，肤色不断变化。如此不断攻击，却都无食而返。偶然间，章鱼的一足进入筒内，觉察了蟹味，整个身子随之进去，旋即猛地扑去，攫住了蟹。它比墨鱼精明多了，墨鱼是撞南墙死不回头的：把小虾放入无盖的玻璃罐，墨鱼用头连续撞玻璃罐达 30 小时之久，也没想到采取迂回策略。

　　达尔文早就描写过章鱼的伎俩：一次，他在浅水处遇上章鱼，章鱼发现了他，开始时不动，然后悄悄地快速爬行，

章鱼中有很多纹饰精美的种类，如这只豹斑章鱼
图片作者：Jens Petersen

但爬一段，停一下。每当它占据新的阵地后，会依阵地的颜色变色，不让人发现，这样一直溜到水较深处，逃之夭夭。

章鱼能认得喂食者。有游客前来时，它敢从游人手中取食。若把鱼肉握在手掌里，它会用足缠住游人的手，把足伸进游人的手指，设法掰开手指。游人可以挠挠它的头部，或者逗它玩一会儿。我在浙江省宁海县的一家菜场里看到小章鱼在盆中游动，一位女顾客从水中取章鱼，章鱼用足缠住了她的手。所以要把章鱼放进塑料袋，必须掰开它的足。

大洋洲的萨摩亚群岛有位叫普赖斯的渔民，他跟一只栖于珊瑚礁洞中的章鱼相识已有三年了。普赖斯陪一位欧洲人乘小独木舟向章鱼"府邸"划去，到达珊瑚礁后不久，从深水处浮起一只大章鱼，游到舟旁，驯服地让普赖斯抚摸。普赖斯赏了它一只蟹，它攫住后沉入海底去美餐一顿。

难怪有人称章鱼是无脊椎动物中的"灵长类"。

老屋里的家蛇

有这么一种动物，它喜欢在民宅定居，尤其是古老的住宅。它从不犯人，因此宅主很欢迎它，因此从不动它一根毫毛。它就是家蛇。它不是宠物，但它与人类长相伴。

抗日战争时期，我在家乡浙江镇海读小学，我家是幢颇具规模的旧宅，有的房间常年关着。我的舅公告诉我，他见过家蛇盘在梁上。我知道它并不咬人，所以对这个伴侣并无惧意。那时的老人很迷信，他们认为家里有蛇是好事——它会保佑这户人家人丁兴旺，发财致富。家蛇是不能伤害的，如果伤害它，会破坏风水，招来灾难。

家蛇的学名叫黄颌蛇，又名黑眉锦蛇。明代李时珍在《本草纲目》中已介绍到它，俗名黄喉蛇，书中说："多在人家屋间，吞鼠子雀雏。"这是正确的，它的上唇和咽喉部呈黄色，眼后有黑斑纹延向颈部，类似黑眉，多生活在我国南方诸省。别的蛇要冬眠，它却能在冬天活动，因为屋内比野外要暖和得多。家蛇的长度达2米，它以鼠、雀为食，所以常盘踞在谷仓里、米缸里和角落里。在广东，有的家庭会在粮仓中放养家蛇，用它来捕杀鼠、雀，不仅效果比灭鼠药好，而且无药物污染。家蛇十分灵活，身型不太粗，能进入鼠洞捕鼠，所以人们称之为"无脚猫"。在巴基斯坦、印度尼西亚和印度，就有人养蛇捕鼠；在印度和巴西，甚至有人用蛇来看家和看管小孩。

黑眉锦蛇常盘踞在谷仓里
图片作者：Paula C. MacNeil

　　把蛇作为宠物来养，这在国外也是存在的。如印度尼西亚有个叫特里亚哈迪·希斯米扬图的小孩，它跟一条叫希·布兰格的大蟒很亲昵。大蟒是雌性的，长达 6 米，常与孩子一起洗澡，一起睡觉。此蟒一周要吃 2~3 只小鸡。孩子的爸爸 6 年前在工作的锯木厂附近发现了 4 只蟒蛋，他拾回家孵出的小蟒仅有希·布兰格存活。从此它就与这一家人一起生活。有人见它的皮十分美丽，想出高价买下，但主人说，即使给他许多金刚石，他也不会卖掉这条大蟒。

土拨鼠阴谋夺位

　　旱獭俗名哈拉、土拨鼠，属啮齿类，与豚鼠同类，外观也相仿，只是它有尾而豚鼠无尾；它的耳朵小于豚鼠；它的体型比豚鼠大得多，最重可达 10 千克。它能直立，晒太阳与放哨时多取此姿势。这个姿势很滑稽，非洲的猫鼬也能做到。

　　旱獭爱群居，一个群体中必有一深孚众望的头领，旱獭的年高体壮、能干（包括亲自放哨）、机灵、对属下关心宽厚。它受到属下爱戴，下属对它唯命是从。旱獭群体间极少发生同室操戈现象（这一点与豚鼠相似），即使是不同领地，也从不发生冲突。有一只年少的雄性旱獭，野心很大，它觊觎着头领的位置。它发觉该群体的头领年事已高，体衰力弱，看来不久于"獭"世，

土拨鼠喜爱群居，每群都有一个头领

图片作者：Inklein

它决定该出手时就出手——小伙子把老朽解决掉还不是三只手指捏一只田螺！

小旱獭佯装误入一个领地，这种事是少见的，因为旱獭固守领地，不爱串门。该地旱獭见到这个不速之客，既惊奇又不悦，它当即溜走，让它们感到自己是误入的。翌日又去，下一天又去，故伎重演……演了一些日子，旱獭们就不以为怪了。也许是"野心家"身上沾了它们的气味（豚鼠辨认自己的子女或共同生活者也通过嗅觉），便不把它当"外人"了。它融入这个群体后，眼看头领已衰老，此时正是竞选的时机，它必须拿出具体行动：对所有旱獭毕恭毕敬；一旦发现肥嫩之草就通知大家，哨兵放哨寂寞，它去陪着，在雌旱獭前举止得体，一旦发现狼或鹰过来，它首先发出警报声，总是让小旱獭先进洞。这样，老头领寿终正寝后它被推举为新头领就是理所当然的了。所以，别以为旱獭们没头脑，它们也是很有计谋的。

骆驼也有狂怒时

骆驼的性格是出名的温顺，但它并非时时处处都那么好说话。在石家庄一带，有人让它驾辕拉车，它能听从指挥，但吃软不吃硬。如果你像对待骡马一样挥起鞭子，它可不理这一套，你抽打，它不在乎，如不适可而止，它会喷你一脸白沫，弄得你狼狈不堪。

雄驼最危险的时候是在发情期，它会变得十分暴躁，见人就咬。这往往是它求偶不成的缘故——雄驼每次发情期是三四个月，而雌驼只有四五天，作家哲中在《大漠的歌》一书中写道，那只公驼看到一群野骆驼在奔跑，便去追逐它们，显然是为了求偶。他上前阻止，这下可得罪了公驼，它喷着鼻子转身追来，他知道公驼发怒了，会危及自己的生命，关键时刻他想起了老牧人的叮嘱，赶快脱下上衣扔到地上。公驼以为那上衣便是"敌人"，扑上去在上面打滚，恨不得把"敌人"压成肉饼。

骆驼通常很温和，但也有发火的时候
图片作者：Jjron

作家冯苓植对骆驼的习性了如指掌，他在《驼峰上的爱》中也写到了公驼的反常。如果此时人上树去，它会啃皮摧树，使人难以逃脱；若是遁入枯井，它会把庞大的躯体卧在井口，直至使人窒息！对付这种"疯"驼有一个有趣的办法，即在它的额上绑一面小镜，行人在远处看到反光，可及早避开。万一相遇，可弯弯曲曲地奔跑，骆驼转身较慢，不易追上。也可脱掉外衣，甩衣后迅速隐藏起来。

骆驼会记仇，不管相隔多久，它总要把仇家找到。在沙特阿拉伯，一家油坊老板做生意赔了钱，闷闷不乐地到酒馆喝酒，回作坊后为了出气，就用鞭子毒打一头老骆驼。随后数月，主人已把此事忘了，老骆驼却记忆犹新，在一天夜里，它悄悄钻进主人的帐篷，把主人的床踏得粉碎，它以为主人已死，谁知回到厩里时竟见到主人在对自己大声吆喝，觉得复仇落空了，一头撞死在了厩墙上。

老麻雀的爱

屠格涅夫的散文《麻雀》写的是他打猎回来，和猎狗一同走在林荫道上，一只小麻雀站在地上，显然是刚从巢里掉下来的。猎狗刚走到小麻雀跟前，忽然一只老麻雀落在狗的面前，用身子掩护着小麻雀，绝望地叫着，这一英勇的举动竟使狗愣了片刻，便后退了。

没想到，有一天我也目睹了老麻雀救小麻雀的"闹剧"，不过结局却是"悲剧"！

这是一条南北贯通的弄堂，那里有一排年久失修的石库门楼房，麻雀看中了一幢房屋的屋檐，在那儿筑巢育雏。在城市里，鸟儿是稀客，它们的鸣声会使人感到快慰，所以房主人并不驱赶它们。

有一天，我路过那里，忽然看到一只小麻雀在脚边跳跃着。我走过去，它扑腾着翅膀，惊叫着，却飞不起来，难道它受伤了？此时，忽然听到一阵急促的吱喳声，旋即看到一只老麻雀疾飞下来，飞得低低的，从我身边掠过，离小麻雀不过数米之遥。它飞了上去，一转身，又飞下来，并不停地叫着，声音是那么的短促！如此反复，这是怎么回事呢？

有个过路的男孩，他发现了那只飞不走的麻雀——啊，这可走运了，送上门来的玩物，可不能放过。他追赶小麻雀，小麻雀很想逃回自己温暖的窝，可是那软弱的翅膀帮不了它的忙。空中的老麻雀发现了这一危急情况，怕自己的"宝贝"落入"虎口"，急得乱叫乱飞，然而它心有余而力不足——营救无门！

男孩终于追上了小麻雀，把它提在手里，孩子脸上的微笑、眼里的喜悦和麻雀的悲哀、绝望形成了鲜明的对比。

孩子终究是孩子，他的注意力只是在小麻雀身上，他根本没发觉还有一只可怜的老麻雀！

孩子的身影消失了，老麻雀回到了屋檐下，悲鸣声持续了一会儿，终于沉默了。

我很内疚，我怎么会成为一个冷漠的旁观者？

屠格涅夫夸奖他所看到的那只老麻雀："我敬佩这只英勇的小鸟，敬佩它那伟大的爱的冲动。"那么，我所见到的那只老

麻雀　图片作者：Aomorikuma

麻雀呢? 当然, 它没站在那儿, 但它的飞蹿与惊叫, 无疑起到了干扰作用, 不是也很勇敢吗?

以后, 每当我听到麻雀的叫声, 便会想想起那只老麻雀, 想到老麻雀的爱。

土木建筑师

河狸绰号"土木建筑师", 因为它是天生的"筑坝能手"。河狸筑的坝呈楔形, 类似于我们的重力坝, 为加固坝基, 它将树枝并排插入水下泥中, 形成密集的栅栏层, 可截获顺流而下的碎石, 使坝基的强度增大。它所筑的窝宛如别墅, 顶为圆形, 上层干燥, 为卧室, 下层在水下, 作粮库, 堆着树枝(树皮便是美食)。河狸筑的窝有两个出口, 一个通向陆地, 另一个通到水下。

它属啮齿类, 门牙如凿子, 咬断碗口粗的树干易如反掌。它的尾部有角质的甲, 形状扁平, 拍出水声如打枪, 是在发出警报, 又可作为定向的舵, 还可在啃树枝时当支柱用。它的耳朵和鼻有瓣膜, 可防水。它的嘴内齿后有皮折, 使它在水下也能啃东西。

河狸是一级保护动物, 生活在我国新疆。

河狸不是狐狸, 狐狸的窝要简单得多, 所以要在家里养河狸可不容易。然而美国新泽西州人布尤克米奇夫人却一直在养河狸。有人送来一只叫"斧子"的小河狸。她把一只拌水泥的大盆子改成浅水池, 让它在里边游泳。它可是野性十足的, 那条带鳞的尾巴, 就像扫帚, 只要东西没放牢, 就要被它扫掉; 它对家具没有什么概念, 只要是木制的就与树干没啥两

河狸　图片作者: Steve

河狸筑的水坝　图片作者：Patrick Mackie

样，啃了再说！夫人只得用塑料把木器包起，把地板盖好。

"斧子"被养了些日子后，夫人把它带到附近湖滨小湾，希望它与那只叫"十月"的野生母河狸相识。

夫人和她丈夫为"斧子"修了条很长的地道，通向小湾，有趣的是，它不总是从地道回来，而是从大门回来。他们在那儿安了个活门，门上挂个铃铛。

不幸的是，有一年夏天，有人在湖上划船，见到"斧子"，以为它会咬人，便把它打死了。其实河狸并不咬人。

狼的故事

动物的叫声有动听悦耳的如画眉，有惊心动魄的如狮吼，有难以入耳的如鬣狗，也有令人毛骨悚然的如狼嚎。新中国成立初期，我在南京孝陵卫居住时听到中山陵方向有狼嚎声，把"狼嚎"与"鬼哭"相连是很恰当的。狼不仅会嚎，还会嗥叫、尖叫和吠。

通常，狼的体重很少达到50～60千克，但前苏联一位猎人在伏龙芝地区捕到过一头80千克重的巨狼，毛色发红，被称为"狼王"。豹中最大个体不过75千克。

豹中有黑豹，它是金钱豹的变种。狼中有黑狼，但不是狼的一种，而是狼的变种。有人不会区别狼与狗，其实不难：狼尾总是下垂的，难怪有人称之为"木头尾巴"，狗尾则能竖起及卷曲；狼的胸部狭窄，因而前腿靠拢；狼的嘴较尖，张嘴较大，它跑步时不会像狗那样张大嘴。

都说狐狸狡猾，其实狼也狡猾。内蒙古的"德力特"（蒙语：大个子狼）白天叼到羊后绝不立即回窝，而是藏在灌木丛中，躲起来窥视，如无牧民或牧羊犬追来，就把羊拖回窝中。到了夜间，它窜至羊圈，先隐蔽起来，待有盗羊的狐狸或草原狼前来，它就悄悄地跟着，等牧民或牧羊犬发觉"盗贼"而去追捕时，它则乘机闯入羊圈叼羊。在湖南浏阳的大围山有一户李姓人家，主人把一只家羊拴在屋后田边。中午，八只狼窜向家羊，两只咬羊脖，一只扯断拴羊绳，其余的狼则簇拥着羊顺山冲梯田往上而去。梯田坡高，群狼要扛羊上去不易。这时只听"头狼"叫了一声，

狼嚎令人毛骨悚然

其他的狼分别蹿上山冲梯田，一梯一只排好，最下面那只叼着羊脖用力往上扔，第二只狼如法炮制，就这样接力赛般将羊运到了高处。

狼很少吃狐狸，一般捕获后只把狐狸拖死，奇怪的是北极狐如果偷了狼藏好的猎获物，狼竟无动于衷。有人还见过狼与狐狸共处，狼对狐狸表示善意。

人在旅途中如果遇狼千万别拔腿就逃，因为人是跑不过狼的。由于它多疑，人可原地不动，它反倒会怀疑地观察你。你如蹲下，它更怀疑你有什么招数，不敢贸然进攻。你可以把沙土堆成堆儿，围着它转圈，或对它做一些怪动作，狼会怀疑土堆，用心凝视，你可趁机溜走。狼怕大声，如人身边带着收录机或半导体收音机，音量放至最大，它会胆怯。还可以用力敲打铁皮水壶或铝盒，它也会害怕。

僧帽水母海中霸

说到海中霸王，我们会想到鲨鱼及逆戟鲸，恐怕不太会想到属于腔肠动物的没一点儿骨头的水母。水母形如降落伞，随波逐流，那种软绵绵的动物中居然有极厉害的：1965 年 8 月的一个星期天，在美国东海岸一个海水浴场上，一位青年下海不久，便狂奔乱喊地逃上岸来："快，快帮我去掉它呀！"

一位见义勇为的泳者见他颈肩部缠着一条条古怪的淡蓝"带子"，就帮他扯下……此时，又有人从海里逃上海滩，也是同样的遭遇，海滩上一时乱成一片，大家陷入了惊恐之中！

　　原来他们遇上的是僧帽水母。僧帽水母的浮囊有彩虹晕光，里边充满了一氧化碳，因形如僧侣所戴的帽子，故名僧帽水母。它浮在海面上，借助风力及潮水，可从一处漂向另一处。鲸鱼中的蓝鲸最长可达 33 米，而北极霞水母长达 25 米左右，那是连触手算在内的。大的僧帽水母可长达 10 余米。水母的触手含有毒液，是一种神经毒，半尺来长的鱼被触手抓住后很快会死亡。这个"海中鬼魅"有着要好的朋友与不共戴天的敌人，美国作家海明威在《老人与海》中有生动的描述："那位老渔人从小船上向海水中望去，看见一些小鱼，颜色变得跟那些拖长的触丝一样，并且在触丝的中间，在漂浮的气囊所构成的明影下面游走着。气囊的毒伤害不了它们……"这小鱼显然是军舰鱼，那有长触手的气囊显然是僧帽水母，小鱼在触手间游动，是为了吃触手上黏附的鱼的残体。如有大一点的鱼来吃军舰鱼，它们立即躲到触手间，如果大鱼敢进去，必定自投罗网。这样，小鱼引来了大鱼，是小鱼的功劳。所以，小鱼与僧帽水母是互助互利的关系。那么小鱼为何不怕触手呢？有人认为小鱼很灵敏，能避开，也有人认为水母的毒液施于军舰鱼是不起作用的。《老人与海》还写道："老渔人因为捕鱼时吃过水母的苦头，对它非常痛恨，喜欢看着它的'不幸遭遇'；带

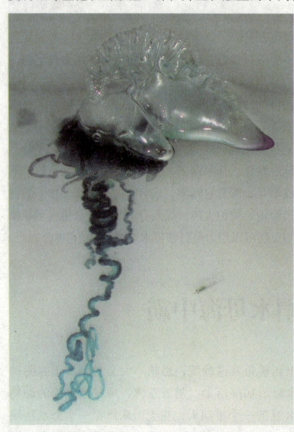

僧帽水母的浮囊有彩虹晕光，里边充满一氧化碳

彩虹的气泡很美丽……海龟看见后就从正面爬到它们跟前，然后闭上眼睛，身子完全缩在龟甲里，再把它们连着触手一并吃掉……"他所说的海龟就是大头海龟，它是僧帽水母的天敌，虽然重达250千克以上，但袭击对方时却很矫健，即便它两眼被蜇肿，也满不在乎。

狗逮耗子，并非多管闲事

　　有句歇后语是"狗逮耗子多管闲事"，说明我们以为狗只会看家、狩猎、牧羊、抓捕罪犯和供人玩赏，然而有的狗却善于捕鼠。

　　上海市宝山庙行乡农民刘老汉家养一条黄狗，以捕鼠、吃鼠为天职，成为深受刘家及其邻居们欢迎的"捕鼠明星"。广东澄海有人养了两只狗，用于外出捕鼠：地洞若有鼠，狗会发出叫声，主人灌水驱出鼠来，由狗去追捕。有时狗发现地下有田鼠就拼命刨土，主人用铁铲帮着挖洞，一旦田鼠由洞中逃出，即被狗逮住吃掉。狗食量不小，一次能吃下近10只田鼠。通常具有猴眼、尖嘴、蝙蝠耳、铁丝脚的狗，经驯养后会很快掌握捕鼠本领。

　　广东省汕头汕尾一带渔民家的狗都会捕鼠和抓蟑螂，所以如果谁在那里说"狗拿耗子——多管闲事"，他就会被渔民们笑话。

　　湖南省洞庭湖畔某农场有只大黑狗，当湖水上涨老鼠跑到堤上吃芦苇根时，它每天咬死的鼠竟多达15千克，最多一天为300千克！

　　狗逮耗子的事不但我国有，国外也有。如澳大利亚的布里斯班由于鼠患严重，市政局为此成立了一支由14只小狗组成的灭鼠队。只要市民发现鼠患，打个电话，就会有人带它们来灭鼠。

狗是人类的伙伴，有些狗还会捕鼠
图片作者：Denhulde

队中的高手是"泰德"，它灭鼠数为1 000只，被授予"神勇杀手007"的称号。

别以为在古代老鼠总是由猫来捕捉的，猫司这种职务是从西汉时才开始的。周、秦以前，都是由狗来担当这一重任的。《周礼》中有"秋官犬人"，他负责选择狗和审查狗的捕鼠能力。《吕氏春秋》记叙了这么一件事：有个齐国人养了一只狗，几年来一直不捕鼠。相狗者说，这是良狗，专捉獐、麇、豕、鹿的，缚它后足，它就捕鼠了。那人照着做，那狗果然捕鼠了。秦代李斯在乡间做官时，见厕所内"鼠食不洁，近人犬，数惊恐之"。这种现象直到魏晋南北朝时仍无多大改变，这从《晋书·刘毅传》中可以看出："既能攫兽，又能杀鼠，何损于犬！"

上述狗逮耗子，既有逮而食之的，也有逮而不食的，这如同现在的猫，有抓到就吃的，也有抓到只是玩玩而已。前者多是乡间的猫，后者则是城市中的猫，吃饱喝足了，还吃鼠干什么？何况主人养它，并不为驱鼠，只是养着好玩或做个伴而已。

狼狗训练

警犬已经成为警方破案的得力助手

有一天傍晚，我在上海郊区的公路上走着，忽然迎面跑来一只壮硕的狼狗。我知道这时自己必须镇静，不能拔脚逃跑，也不能恫吓它，只有站着不动才是上策。瞬间那狗已窜到我面前，眼看已蹿起，幸亏被狗主人发觉，及时喝止。

狼狗的嗅觉特别灵敏，所以用它来执行警卫、侦破、搜索爆炸物和海关毒品等任务是很称职的，狼狗在进入技术训练前要进行半年左右的驯养，如喂食、梳毛、洗濯，以及培养它与驯犬员的感情，还要带它到各种场所，使它逐渐习惯对车水马龙、人声鼎沸的各种环境。半年后的警犬基础训练项目包括坐、卧、衔、吠、拒食和跳跃障碍等。

北京市公安局曾有条叫"小眯"的警犬。有一次侦查重大盗窃案,发现犯罪分子在现场丢下一只布鞋。经查,它是一家三兄弟共穿的,究竟是谁穿它作案的呢?他们让"小眯"来嗅认,结果证实是老三所为,公安人员据此破了案。原来人的气味各不相同,兄弟三人穿过这双鞋,鞋上留下了三种气味,有浓也有淡。作案前不论谁穿,时间都先于老三,其留下的气味就淡。老三是最后穿它的,所以留下的气味最浓。

狗的嗅觉比人的嗅觉高出五六千倍,它可以鉴别出上万种不同的气味。1980年,北京手表厂一名女工被害,公安人员在侦查中发现一可疑者,他的衣后襟上有黄豆大的血迹,经化验,与死者血型相同。但血型相同者众多,不能据此定案。后来用7条狼狗进行气味鉴别,认定那血迹与死者的血的气味一样,可疑者终于落入法网。

鼩鼱的惊人绝技

说起生活在陆地的体型最大的哺乳动物,大象是当之无愧的了。在1974年,非洲安哥拉南部穆库索有头公象被杀,从伸长的鼻尖到拉直的尾巴长度竟达10.7米,重量达12.3吨!

鼩鼱堪称罕见的微型哺乳动物了,其中非洲的矮鼩鼱长仅3~5厘米,体重仅2克左右,粗看还以为是只虫子!

鼩鼱的外形似鼠(只是吻部特长),却跟鼠

布拉里纳鼩鼱的唾液中有毒

不是"一路货"——鼠属啮齿目,它属食虫目,与刺猬和鼹鼠倒是同类。鼩鼱共有200余种,我国约有23种。

由于鼩鼱常在地下生活,它的眼睛跟鼹鼠一样形同虚设,它在黑暗的地洞中会应用回声定位,这就弥补了视力的不足。

别以为小兽微不足道,它却像小北海道鼬那样敢于攻击比自身大得多的动物。小北海道鼬体重不过100克,却敢袭击马这样的大动物,而体重只有20克左右的北美布拉里纳鼩鼱居然敢攻击体重110克左右的宾夕法尼亚鼠:当它遇到猎物时,会毫不留情地咬住对方的喉咙或脸部,使其动弹不得,然后拖进洞去趁活着大啖起来,难怪人称它为"小老虎"。

有毒的哺乳动物很少见,但有的鼩鼱唾液腺却像毒蛇似的具有毒性,布拉里纳鼩鼱便属这一种,猎物被它咬后便失去了抵抗力,这是神经毒在起作用。有人的手指曾被这种鼩鼱咬过,痛如火灼,一小时后达到高潮,一连持续三天,一周后仍觉不好受!科学实验证明,一只鼩鼱的毒液,足以使200只小家鼠丧生。

最令人惊奇的绝技是由非洲的铠鼩鼱来表演的——它是名副其实的"气功师"。铠鼩鼱自身重量不到100克,却能承载70千克重的人。承重的秘密在于它的背部。它的脊骨较宽,跟上面隆起及突起部分组织在一起,宛如金属网一样。此外,它的脊骨还可上下左右自如地弯曲,如变成屋脊形,这样膝盖支撑着肋骨,就像一幢小屋。

1916年,有两位美国人在非洲的乌干达看到,当地居民念完咒后,用一只脚踩在铠鼩鼱身上,停了数分钟之久。当那人从铠鼩鼱身上下来后不久,它就能慢慢爬行了,只不过身子略有颤抖而已。由于它有耐压的特异功能,有些居民给它以"英勇的鼩鼱"的称号。

眼喷鲜血的怪物——角蟾

我们知道射水鱼能口喷水珠,射落岸边昆虫;臭鼬能从肛门喷出奇臭的分泌物,使追敌晕倒;银蕊虫能全身喷出液体,使敌害大吃一惊,踟蹰不前。但有一种眼会喷鲜血的怪物,这就是角蟾。角蟾属于蜥蜴类,它的得名是由于外形似蟾。它的模样颇为怪诞吓人：头上长角、身上长刺。如果它有十余米长的话，就活像史前时代的恐龙了。幸亏它只有十余厘米长，而且相当脆弱——没有足够的阳光和一定的温度，它就会死亡。这种仅产于美国西南及墨西哥沙漠中的角

角蟾身上长满了密密麻麻的锐刺　图片作者：Room237

蟾是阳光爱好者。它适应了沙漠中干旱的气候，只要早晨从植物叶子上吮吸一丁点儿露水，它就不会渴死。

正因为它是弱小者，为逃避敌害，它身上长满了密密麻麻的锐刺，头后的一些角刺尤为粗大锐利。它的第二个御敌本领是拟态：当它静伏在沙砾中时，与沙砾几乎一模一样。它还有第三招哩：在危急时刻，它能从眼睛里喷出一道鲜红的血来，射程将近1米！

一位爬虫学家曾请人观看角蟾的"喷血"表演：把一只雄性大角蟾关在铺沙的玻璃罩里，身旁有它蜕下的旧皮。爬虫学家向它佯攻，它因为蜕皮不久，容易受伤，为保卫自己，它的眼球变红了。接着，爬虫学家刺它一下，它立即从眼中喷出一股鲜血，像妖龙喷火一般！这一"杀手锏"要是施展出来，侵害它的敌人准会被它吓得张皇失措，这时它就可以趁机逃跑了。

角蟾的尾巴和许多蜥蜴不同，不易断下，所以，如果想捉住这种小怪物的话，只要抓起它的尾巴就成了。

放纵猫儿俩

　　我的一个朋友没子女，所以养了两只猫解闷。我常到他家聊天，因为我爱猫，就跟它们逗玩。它们系波斯猫和草猫杂交的后代，白色毛发居多，只头尾等处有些黄毛，可见它们的父亲是只黄猫或黄白相间的花猫，它们不斯文，说明草猫的性格遗传了下来。友人因小猫之母被别人家据为己有，怕小猫步其后尘，便严禁外出，除此之外，他一概放纵——对它们真可谓百依百顺，这两位"天之骄子"在房内自由自在，不但可登上衣柜顶，也可在电视机上打盹，主人从不呵斥。

　　溺爱必然要付出代价，不是瓶子撞掉、碗儿打破，便是闹钟落地。这位先生是位老好人，在猫儿面前也扮演这个角色，他跟我谈起猫儿惹祸，不但面无一点愠色，还多少有点得意的神情哩！

猫有领地意识　图片作者：Bertil Videt

　　猫儿对主人那个亲热劲儿按上海的说法是"勿要忒嗲呵！"猫儿对外人没多大好感，即使我把它抱在怀里，它也不会喵喵地叫，或是在我怀里打呼噜，我把帽子放在椅上，一转眼，被它们叼走了，抢呀夺的，成了猫玩具，等你发现，帽子皱了，脏了。我当然不会打它们，连骂几句也不会——骂猫得看主人面，主人不骂，我怎能伤主人的心。

　　有一日，我又去，脱下大衣，放在椅上，朋友把大衣转移到床上，我们只顾说话，待说完了要走，突然发觉大衣上湿了一大片，原来是猫儿在上面撒尿！我认定它们是故意的，因为猫撒尿拉屎有固定地点，它们有强烈的领地意识，对外来之物有占领欲——在上边撒尿，染上气味，就意味着那东西是它们的。

钵中的蛙

我在院内莳花弄草，忽然跳出只大个儿蛙来，足有7~8厘米长。我估计它是从通向墙外那个明沟洞中进入的。我很欢迎这位不速之客，这儿多花草，有不少小虫可供它食用（如鼠负、蜗牛、蛞蝓、蚱蜢等）。

院内沿墙的明沟因排泄不畅，常有积水。到了雨天，积水更多，此时蛙便欢鸣，咯咯之声，令我有处身乡间之感。雨下得越大，它叫得越欢。如一周未雨，也就一周无蛙鸣。

我读过台湾女作家邱秀芝的《我的动物朋友》，她的院内养有狗、猫、龟、兔等宠物，还有一只不请自来的长约10厘米的大蛙。奇怪的是，两只猫和一只狗竟不去欺它。她的朋友来访，她让朋友进院子去看蛙——它正神气地趴在红砖上，那只狗就在一边看它。朋友啧啧称奇："狗跟它居然和平共处。"

有一天，我发现我的蛙登堂入室，跳进了通向院子的小间。小间到院子有两级石蹬。高度为40厘米，这样的高度对它来说并非难以逾越，因为后来我发觉它的跳跃高度至少在半米以上。我奇怪，小间内只有家具，它来干什么？也许是找吃的吧。

青蛙

我在小间的地上放着一只钵头，养着一只巴西绿龟。一天，我进小间时见钵中多出点什么，俯身一看，啊，原来是那只蛙！它居然与龟共处，见了我，它依然趴在水中不走，够大胆的，我想，那几天未下雨，明沟内无水，难道它是找水来的？我感到困惑，它在地上，钵头高出地面 15 厘米，它是如何得知钵中有水的？凭视觉不可能，凭嗅觉？还是凭皮肤对水分的感觉？

我立即去院中挖蚯蚓，挖出好几条扔了进去，它饿极了，尽管我守着，它仍伸出那动作疾如闪电之舌，从水中席卷而去。

它趴在钵中，浸在凉凉的水中，由上午趴到下午四时，这才离去。

翌晨，它又出现在钵中，静候我的红蚯蚓。就这样，一连来了三天。

我觉得蛙应该生活在大自然中，那儿才是它自由自在的生活天地。于是，我把它放到农田中去了。

专向人眼射毒的蛇

《黑猩猩在召唤》的女作者古道尔在非洲坦桑尼亚遇到过不少可怕的动物，其中就有眼镜蛇。有一种水生的眼镜蛇，它的头部较小，颈后有黑色斑纹。这是一种有致命剧毒的蛇，至今仍无解毒剂。

古道尔也碰到过另一种眼镜蛇，她在书中说："这是一种白唇的变种。它的毒汁可喷出两米远，直射受害者的眼睛，受害的人或兽都会引起暂时的或永久的失明。"

这儿谈的是后一种，它叫"神枪手眼镜蛇"。人只要碰一碰它，蛇的上身就会直竖起来，把颈屏扩张开来，接着就射出一股毒液。这种毒液对无伤口的皮肤毫无危险，所以它把人的眼睛作为"射击"的目标。

神枪手眼镜蛇在"射击"时头部向后甩动，压迫藏有毒液的扁桃体，两股毒液便从牙中喷射而出（毒蛇的牙齿是中空的）。

有位叫亨特的狩猎家曾做了几次这样的实验：用玻璃片把自己的脸遮住，然后拨弄毒蛇，使它向自己"射击"；第一次，它的射程不到 3 米；第二次射程减至不到 2 米；第三次只射出一小滴，而且射程微不足道。

有一次，亨特和非洲猎人在丛林里狩猎，走在前面的一位猎人突然急退回来，用手捂住了左眼。亨特觉得奇怪，上前一看，发现蕨类植物中闪过了一条墨绿色的眼镜蛇影。亨特这才明白是怎么回事：白种人的脚步较重，发出的响声使隐藏着的眼镜蛇闻声而逃；可是非洲猎人惯于林中生活，走路轻巧。眼镜蛇猝然遇人，不及逃匿，只得起而攻击，把毒液射进了他的眼睛。

亨特当时束手无策，可是同行的非洲猎人却很有办法，他们的急救法是非常特殊的——两位猎人把他放到地上，一个用力按住他，不让他动弹。这时，亨特看到受害者眼睛

黑颈眼镜蛇能从牙中喷射出毒液　图片作者：Warren Klein

通红，泪水流到面颊上。接着，另一位猎人竟冲着受害者的眼睛撒起尿来，这种外科消毒"手术"真是闻所未闻。

"手术"完毕后，亨特和他们一起默默地回到营地。第二天，亨特听猎人们说，受害者又被做了一次"手术"。到了第三次，受害者的眼睛已告无恙——不但恢复了视觉，连眼白上的红丝也不见了。猎人们说，如果不用这种"特效药"，眼睛是必盲无疑的。

对于尿能治好眼睛的缘由，亨特只能如此解释：尿中的阿莫尼亚和酸可能是一种对症的解毒剂。

猫的占有欲

上海西康路有一户人家，养着一只小黑猫。有一天，该家迁至东安路，搬家那天，小猫被装进了布口袋。在车上，它一路乱抓乱叫。到了新家，它一直心神不定。晚上，主人觉得它叫得可怜，就让它在门口过道上玩玩，谁知一转眼它就跑到楼下。等主人追到楼下，已不见它的踪影了！小黑猫所以要逃跑，很可能是怀念着自己的旧"领土"，一定要回去看看。

养猫的人都清楚，猫很好奇，只要有陌生的东西进屋，它就会走过去详细查看，然后用身子蹭一下。它这样做是一种动物对"入侵"的本能反应。它用脸颊、后身等部位去蹭，为的是把自身的气味蹭上去，以后它闻到自己的气味，便安心了，因为它认为那东西已经被"征服"了，属于自己"领地"中一个组成部分。

猫在自己的"领地"上是心安理得的，所以主人如果迁居，在新环境中，它必须钻进床下或是柜下去观察、谛听和嗅着，直到周围情况熟悉了，才从那儿钻出来，巡视、清点起"家产"来。

猫的"领地"意识浓厚。有人参观北京波斯猫养殖场，笼内关着各种毛色的波斯猫。当他来到一只笼子前，忽然里边的公猫向他喷尿。它是在恶作剧吗？不，这种行为只是表明，这儿是它的"领地"！

猫主人认为房屋及屋中的一切是属于自己的，他的猫却不以为然——凡是它常活动与栖息处的一切理应属于它，猫主人只是它的"房客"。怪不得它每天都要在屋内巡视，看有什么东西被

野猫会在自己的"领地"上留下气味

图片作者：Sonelle

移动过了，什么东西是刚搬来的。过去我养过一只雄花猫，它就是这么做的。我在院内挖土，它就过来，围着挖出的土闻闻、瞅瞅、抓抓，好像在说："你这是干什么？挖它干吗？"我挖土，破坏了原来的模样。同样，它拉过屎后用土盖好。我把它的屎取出，它便过来嗅嗅，碰碰泥土，好像对我这种行为表示异议。

家猫由野猫驯养而来，野猫的习性之一是"画地为牢"：它单独生活在树上或岩石上留下气味的"领地"上，别的野猫嗅到了它的气味会掉头而去，以免侵犯。家猫也继承了这一习性。

有灵性的狒狒

非洲的狒狒面庞似狗。人称"狗狒"。它目光锐利，动作灵活又聪明能干，可服务于人类，不少古埃及的绘画表明，狒狒曾被当作宠物饲养，会表演杂耍。在一幅4000年前的古墓壁画上，描绘了收获季节狒狒在无花果树上的景象。它们只顾采食，并没把果子扔进筐里。然而狒狒经训练后是可以替人上树摘果的。

在非洲南部的卡拉哈里沙漠边缘的草原地区，每当旱季来临，很难找到水源，狒狒却有办法，人若跟踪而去，它会巧妙地摆脱这条"尾巴"。于是人们在树上挖一小洞，洞内置果实，狒狒伸进前肢去抓，缩回时因握拳而受阻，狒狒中计被捕，喂以咸食后放走。它口渴难忍，找水时再也顾不得身后的"尾巴"，这便可以让它充当一名称职的找水向导了。

非洲西南部一些农家会利用狒狒来看管羊

狒狒　图片作者：Charles J Sharp

群，它们干得很出色；某家的狒狒忽然从放羊处回到畜栏，大声地喊叫，原来挤羊奶姑娘忘了把两只较大的山羊随羊群放出畜栏，狒狒发现放牧的 18 只羊中少了两只，因此回家"提意见"。狒狒熟悉每只小山羊，母山羊如喊叫小山羊去吃奶，狒狒能机灵地抱起小山羊，送到母山羊那儿去吃奶。母羊只有两只奶头，如果生下三只小羊，狒狒就把第三只小羊送到那只仅生一只小羊的母羊处去吃奶，使小羊顺利成长。

最让人佩服的是狒狒从军，那是在第一次世界大战时，南非一位名叫马尔的农场主收留了一只狒狒，取名"杰克"。战争爆发后马尔带杰克一起入伍，杰克很快和士兵们混熟了。杰克像一名真正的士兵，穿着特别的军服，站在队列中，见了上级还会立正敬礼。1918 年 8 月，他们先后转战于土耳其、德国和埃及等地。杰克视觉敏锐，适宜任哨兵，一旦发现情况，便会发出短促的惊叫声。1918 年 4 月，马尔在比利时战斗中遭到炮击，杰克在马尔周围垒起石块，不幸的是杰克腿中弹片，因伤势过重而截肢，为此被授予战功勋章，晋升为下士。

蚂蚁畜牧的真相

蚂蚁爱吃蚜虫分泌的甜汁　图片作者：Jmalik

一只蚂蚁用触须碰了一下蚜虫，蚜虫便会从蜜管里分泌出甜汁来，任其吸取。怪不得有人为蚜虫起了个怪有意思的外号——"蚁牛"，意思是，蚜虫像头奶牛，会分泌出甜"奶"给蚂蚁吃。

有人看到蚂蚁衔着一只蚜虫带回巢去，又看到一些蚂蚁在蚜虫群里忙碌着，也看到它在蚜虫周围用泥土、植物纤维筑成"畜栏"，于是轻率地做出判断：蚂蚁是个"畜牧者"，它会把蚜虫带回家养起来，就像人们在奶牛场养奶牛似的，到要喝"奶"时，足不出户便"随手可得"。

但是，经过仔细观察研究后，人们发现：蚂蚁把蚜虫带回巢并不是为了喝它的"奶"，而是为了吃它的肉。蚜虫其实是自己聚在一起的，蚂蚁不过是发现了它们而已。至于说到为蚜虫筑"畜栏"，固然，蚂蚁有时保护着它们不受敌害袭击，但是蚂蚁对任何食物——哪怕是一点饼干屑，也会筑起"栅栏"来，以防蜂蝇之类盗去。蚜虫既然也是一种"小吃"，那就应该受到"同等待遇"。

为主复仇的金毛狮猴

哥伦比亚国家足球队场上灵魂卡洛斯·巴尔德拉马是进攻的组织者，他一上场就会被人认出，因为他的发型与众不同——一头蓬松的丝状卷曲金发使他的头部看上去如狮头般硕大，因而获得了"金毛狮猴"的绰号。

金毛狮猴生活在巴西沿海森林里，一身金色丝状软毛。头部狮状鬃毛加上嘴巴外突与狮嘴相似，因而有威武之相。在美国的一次猴容评比中，有人提出金毛狮猴最漂亮，应获"最美猴子"的称号。它体长约30厘米，体态轻巧，行动敏捷，在树林间奔跳自如，速度之快连松鼠也自叹弗如！此猴野生的数量锐减，据说已不到百只，但各国动物园饲养的数量大大超过野生的。我国香港动植物公园（兵头花园）内就有此猴。

金毛狮猴有长长的犬齿（因而又名长牙狨），那是它厉害的防卫武器，有一桩奇事与它的利齿有关：巴西法律规定，严禁捕捉与猰

金毛狮猴身披金色长毛　图片作者：su neko

养金毛狮猴，可是巴西利亚市商人罗德力·文沙度暗中养了一只叫"比比"的金毛狮猴。"比比"善解人意，深得主人宠爱。有个专门从事珍稀动物走私的人叫切古拉，自称是文沙度老友的亲戚，求见文沙度，欣赏过"比比"后提出收买要求，未成。他顿时拉下脸来，突然拖起"比比"，用匕首指着"比比"，若不卖，就一刀了结它。文沙度情急之下扑过去，企图夺回宠物，被切古拉刺中胸部，倒在地上。切吉拉把"比比"装入布袋，匆匆离去。切古拉回家后把"比比"放入已装有五六只金毛狮猴的大纸箱中，打算翌日运往欧洲。可翌晨女仆在打扫房间时发现金毛狮猴全逃出纸箱，主人已倒毙在床上。她立即报警，验尸后发现切古拉的喉管已断，查出系"比比"所为。从纸箱上被咬破的小洞得知，"比比"趁切古拉睡熟后逃出，把他咬死。本来警方要将它人道毁灭，但大难不死的文沙度恳求把它送往动物园，其他金毛狮猴则放归森林。

多行不义必自毙，保护珍稀动物尚嫌不够，岂能容歹徒捕捉贩卖，这一奇事颇具警世作用。

河马的奇招

河马无疑是一种让人感到滑稽可笑的怪物，它那么肥胖笨拙，有一张巨嘴，长着吓人的牙齿（可达60厘米），喂它的食团大得如足球，它竟然以水为家，能在水底步行；令人忍俊不禁的是它拉屎，尾巴飞快转动，让臭屎飞溅。还有一些趣闻：鳄为河中"霸王"，但它不敢得罪河马，成年河马重达2~3吨，又有长牙，有人见到过被河马咬成两段的鳄。通常，它们互不侵犯，同时在河岸上晒太阳，相距不过数米。

河马认为，有水处便是它的领地，那是它私有的，因此还发生过这样的趣事：德国某公园内有不少动物过着自由的生活。两头大象在池塘中洗澡——用鼻吸水喷洒身子。刚从非洲运来的一头小河马（体重1吨多）向池塘走去，它是近视眼，但嗅觉灵敏，其准确性不亚于我们用眼睛区分事物——它已闻出水所散发出的气味。当它发现有两位不速之客时，不由大怒，张嘴露牙，其用意是要它们滚蛋！可笑的是，体重达4吨的大象，且是一雌一雄

河马能悠闲自得地在水底步行　图片作者：cloudzilla

两头，竟把大耳紧贴脑袋，胆怯地溜了！河马还不罢休，追赶了一阵，才算是出了口恶气。可见河马认为池塘是其"家乡"，而大象自知理亏——闯入别人领地，理应尽快撤出。在北京动物园也发生过这样的事：游客在栏杆后聚精会神地看饲养员喂河马，河马突然转身，朝着游客拉起屎来，同时左右扇动，顿时粪便溅向游客！原来，它是发出警告：别再往前，这儿是它的领地！

河马也是讲究礼仪的：沙滩上有一群雌河马，在这一群体中只有一头雄河马卧着。它是来求偶的。求偶尽可大大方方走上前去，不，它无权涉足雌性的圈子，除非它躺下；否则，必被驱走。雄河马在用心审视着，哪一位适合自己，选定后它就暗送秋波——用点头、皱皮肤等方式表明自己的"爱情"。

有时，两头雄河马会为争夺"情人"而展开一场惊心动魄的搏斗：在水中展开"对潜战"——在水中一起一落，对潜一阵后冒出水面进行"臭气战"——谁能在最短时间内拉出最多的粪便，尾巴扇动得最快，谁便能取胜。

荷兰鼠趣事

有一只荷兰鼠叫"老娘"，它毛色纯白，它的丈夫有白、黑、棕三色，我叫它"美男"。这对夫妻恩恩爱爱，繁殖了后代，后代又繁殖了后代。

我养宠物常以人类的行为准则去观察他们。我发现荷兰鼠表示讨厌、拒绝、反抗及攻击的动作既不是吼叫、摇尾，也不是前扑与舞爪，而是用吻部啄击与后踢。用吻部啄击在其他动物中很少见——它的吻部因有坚齿，啄一下是够痛的；后踢并不少见——斑马、角马与长颈鹿都这么干。

"老娘"生下一崽，雌性，为其母的翻版——一样的毛色，我叫它"小娘"。在整个哺育期间，"老娘"对"小娘"关爱有加。但是一旦断奶，"小娘"就别想往娘的怀里拱，因为"老娘"要揍它——毫不留情地啄之。我有意把"小娘"放在其母背上，当"小娘"掉地时，其母会狠狠地啄击，而且不止一次，吓得"小娘"惊叫着逃走！这让我想起了日本纪录片《狐狸的故事》，小狐狸一个个长大了，该是过独立生活的日子了，它们的父母绝不会让孩子留恋窝中。小狐狸心犹不甘，一再返回，却一再被逐，最终，小狐狸只得绝望地远走他乡！

我又试过把"美男"放入其妻窝里，妻子当然认得自己的丈夫。有时丈夫要与之亲密接触，妻子不愿，便会啄击丈夫，但那动作是象征性的，并不用力，似在告诫：你来的不是时候，别来烦我！

我还试验过把"老娘"的崽放入"小娘"窝中，它嗅后认出不是己出，便迎头痛击。我又把"小娘"的崽放入"老娘"窝中，"老娘"

圆滚滚的荷兰鼠　图片作者：Jg4817

并不把它赶走，那崽儿在外婆那儿待了半小时，然后放回，其母竟以为不是己出，揍了它一顿，但过后便容留了。

养宠物的同时，若能做点有趣的实验，增长一些关于动物习性与行为的见识，则更有意思。

捉拿动物逃犯

在日本，三头狮子从疗养胜地君泽的一个动物园逃出，把路人吓得魂飞魄散，路人向有关部门报告，政府认为此事非同小可，急调800名军警和猎人大肆搜捕，结果击毙一头，一头自行归来，还有一头狮子去向不明。

章鱼虽为海洋动物，但在陆地依然能逃跑，并且神出鬼没，令人惊叹不已。美国有位博物学家把一只30厘米长的章鱼放进篮中，乘公共汽车回家。车上有位乘客突然惊叫起来，原来章鱼从篮子的小洞钻出，爬到了他身上。在苏联也有章鱼逃走的趣事，两位标本采集员把一只章鱼关进空的香烟箱，钉上钉子，捆上绳子，放在船里。原以为万无一失，但上岸时去提箱子，却发现已"鱼"去箱空。显然，章鱼是从很狭窄的缝隙中挤扁身子逃走的。

来自大洋洲的食火鸡看似笨拙，也会抓住机会外逃。上海动物园的一只食火鸡从笼中逃出后，饲养员们手持箩筐、木棍和绳子，小心翼翼地围上去。老王大胆地冲上去抓住食火鸡的脖子，结果被它一蹬脚，撕碎裤子，抓破皮肤。一旁的小俞本想上前助战，一看情况不妙，拔腿想逃，没想到屁股

食火鸡看似笨拙，逃跑起来却毫不含糊
图片作者：Scott Hamlin

上被狠啄了一下。多亏顾师傅从侧面扑去，抓住食火鸡的脖子，用身子把它压在地上，众人才一拥而上，把它押回笼中。

野猪的外逃虽不如狮虎那般可怕。但它横冲直撞起来也够吓人的。上海动物园有只野猪逃过小河，越过田野，一头撞进农舍，把躲在门后的老农撞倒。野猪在八仙桌下喘气，兽医及时赶来给了它一颗麻醉弹，这才把"逃犯"逮住。最会用心计的是意大利罗马动物园的海狸。它们来自加拿大，对罗马的炎热天气很不习惯，于是八只海狸决定集体"逃走"。可是周围尽是石壁，唯一的办法是瞄准墙基下的泥地。然而这一招会被饲养员发觉，看来"碍眼法"是个好主意——筑一道土堤，挡住饲养员的视线。饲养员都知道筑堤原是海狸的"天赋"，并不在意。但后来他们还是识破了海狸的诡计，急忙拆去土堤，堵塞已经挖得很深的洞。以后，海狸还不死心，再次筑土堤，这当然难以得逞。

在美国的拉斯维加斯，一只鸵鸟从卡车上逃跑；在阿根廷首都，一头家养的狮子闯入闹市；在日本的伊豆，不少松鼠趁围墙倒塌纷纷外逃……类似的事情时有发生。人类酷爱自由，动物亦然。囚禁中的动物时刻想念着回归大自然，过那优哉游哉的自由生活。

足智多谋的水獭

水獭一般在山区河流上游地旷人稀的地方安家，过着和睦的家庭生活。它们前爪像灵巧的耙子，四枚凿子似的门齿，锋利无比，使水獭成为了出色的筑坝"专家"。然而，它的这一本领却给人们带来了麻烦。有一次，加拿大某地区的铁路被淹，事后发现，竟是水獭在附近水源上筑坝溢水造成的。铁路修护工为了对付水獭，在坝上出水处装了个水轮，轮上吊着铁罐，指望水流带动水轮发出的响声能把水獭吓跑。可是，第二天过去一看，水轮上插了根木棍！水轮不转，铁罐也就不吭声了。这个地方谁也不来，看来一定是水獭干的。于是，修护工在坝下造个涵洞，让水流光，但很快又被水獭堵塞起来。修护工只好排除了堵塞物，在涵洞前另打木桩，安上铁丝网，满以为这下子水獭就会败下阵去了。谁知，好景不长，水獭轻而易举地咬断木桩，拖走铁丝网——运走当作上好的造坝材料。这一回来，修护工甘拜下风。

水獭还是能干的搬运工。美国缅因州有位博物学家做了一次有趣的实验，他把水獭的堤坝捅了个大洞，看他们怎么对付。只见三只小水獭立即抢救，由于洞口比较大，它们虽竭尽全力，还是补不了。于是有只小水獭去"讨救兵"——请来了有经验的老水獭。这个"老手"潜到水底，搬来一块

水獭　图片作者：Dmitry Azovtsev

大石，放进洞去，并用爪抓住，让小水獭用泥土塞进缝隙，终于出色地完成了"堵漏工程"！

水獭会筑坝截断流水，虽然给人们带来了麻烦，但也会带来一些好处：美国有的地区地下水位从距地面 8 米下降到距地面 15 米，如在该地区放养水獭，那么所筑的坝就能把雨水积蓄起来，使水位上升。

1954 年，纽约州大旱，州立熊山公园附近的土地龟裂了，但公园内却绿茵遍地。出现了这样的奇迹，应归功于水獭，正因为它们聚居于此，筑坝积水，才保证了不发生干旱。

蚁巢趣谈

我们站立于蜂巢前，钦佩勤劳的蜜蜂设计出如此规正合理的"住房"；我们伫立于鸟巢前，赞叹乖巧的鸟儿编造出那样精致舒适的窝儿。对于蚂蚁的"住宅"，人们却觉得不屑一顾！

这也难怪，因为蚁巢多营建于地里、树中、石下，难得一见。更何况大家

都有一个"想当然"的看法——在泥土里钻些窟窿，有啥可看？

事实上蚁巢并非如此简单。蜂巢的格局千篇一律，蚁巢却更接近于人类的住房——功能各异，各不相同。当北京人在现在的周口店龙骨山茹毛饮血时，蚁类早已会营造极为壮观的"大厦"了。美国宾夕法尼亚州有一些筑丘的蚁类，至今仍在建造高1米许、直径3米多的"宫殿"。夏日，它们住在较高的房里；冬季，则迁居于较深的各层。

别名切叶蚁的樵蚁，它们的蚁巢很大，在热带的林中空地上占地一百余平方米，有许多出入口。一个已建立三年的兴旺的巢往往有成千个出入口，出口通道深5米，房间长1米，宽及高各30厘米。每一间的地上都有一"菜圃"，那儿铺着被嚼碎的叶子，上面长着樵蚁最爱吃的菌，其工艺和收成并不亚于我们人工培育的菌类。

德国有一种纸工蚁会用木屑拌和自己的唾液做成相当坚固的巢壁，壁上还会长满起加固作用的蕈。

收获蚁的蚁巢　图片作者：Rushil

说起白蚁所盖的"摩天楼"，更是自然界的一种奇现，是动物界的一种杰作。在特立尼特岛的森林地带，白蚁在树上搭起纸板箱式的巢；在非洲，白蚁能根据当地情况筑巢，在雨水不多的地方，蚁巢便做成尖塔形，高度可达六米；在潮湿而多雨的地方，蚁巢便做成四面皆有飞檐的"塔"，或是有茎有伞盖的"大蘑菇"。

白蚁巢的壁是用木屑搀和蚁的分泌物黏结而成，所以极为牢固，只有用鹤嘴锄才能把它捣毁。非洲人把它毁掉后，用作肥料或铺路的材料。

巢中央是蚁后的御室，围着它的是许多狭长房间，中间皆有通道连接。巢壁上有许多小孔，既是白蚁进出的"门"，又是通气的"窗"。有几种南非白蚁的巢"设计"得相当科学，能调节气温：在盛暑的日子里，巢壁热得烫手，但巢中心的温度只有 32℃。一只中型蚁巢内白蚁数可达 200 万，这就需要大量的氧气，幸而巢内通风系统良好，能有效地排出二氧化碳，补充新鲜的空气。

白蚁的蚁巢　图片作者：Tim Gage

我国有一种土栖白蚁，对山林来说，它们是"手下无情"的。1973 年，江西省永修县营造的近十万亩山林受到了相当严重的侵害。科研工作者在这里足足花了半个月，挖了一只土栖白蚁的大巢——长度竟达 36 米、宽 1 米、高 2.6 米。他们看到蚁巢的结构极为复杂：那里面有王室，就是蚁王、蚁后生息的地方；有菌圃，那是白蚁的有机共生体——它们既从那儿获得食物，又用来繁殖幼蚁，而且可以用来控制巢内的温度和湿度；还有蚁粮圃，储藏着不少食物。

千里之堤，溃于蚁穴。可见白蚁的危害性。目前人们用来对付白蚁的方法很多，敌敌畏插管烟雾剂熏杀蚁巢的方法比人工挖巢法工效提高很多。目前世界上最先进的技术是：从白蚁体内提取白蚁追迹信息激素，这种激素是白蚁工蚁腹部分泌到体外的挥发性物质，它起着向蚁群发出化学信号、标出路线和暗示食物来源的作用。采用追迹信息激素与"毒饵诱杀"相结合的办法进行室内实验，结果表明，只要白蚁一碰到信息激素划的线，就能使它沿线追迹，并使它碰到置放的毒饵，从而使白蚁带着毒饵回巢，辗转传毒，达到全数中毒的效果。